完全学习手册

张连元 / 编著

网页布局
与配色

完全学习手册

清华大学出版社

北京

内 容 简 介

本书定位于网页设计的布局与配色，内容涵盖网页设计入门基础、页面的布局与创意风格、色彩的基础知识、常用色彩处理手法、网页配色标准与技巧、主色、辅色、点缀色、基本色搭配及各类网站设计与配色案例解析。

本书在讲解版式布局和网页配色原理的基础上，采用了大量国内外网站的配色成功案例进行实战分析。帮助读者在鉴赏过程中逐步掌握不同情况下网页配色的规律与技巧，进而成为网页设计的行家里手。

图书在版编目（CIP）数据

网页布局与配色完全学习手册/ 张连元编著.－－北京：清华大学出版社，2014（2016.6 重印）
（完全学习手册）
ISBN 978-7-302-33361-6

Ⅰ.①网… Ⅱ.①张… Ⅲ.①网页制作工具－手册Ⅳ.①TP393.092-62
中国版本图书馆CIP数据核字（2013）第181046号

责任编辑：陈绿春
封面设计：潘国文
版式设计：北京水木华旦数字文化发展有限责任公司
责任校对：徐俊伟
责任印制：沈　露

出版发行：清华大学出版社
网　　　址：http://www.tup.com.cn, http://www.wqbook.com
地　　　址：北京清华大学学研大厦 A 座　　　　邮　编：100084
社 总 机：010-62770175　　　　　　　　　　邮　购：010-62786544
投稿与读者服务：010-62776969，c-service@tup.tsinghua.edu.cn
质 量 反 馈：010-62772015，zhiliang@tup.tsinghua.edu.cn
印 刷 者：北京鑫丰华彩印有限公司
装 订 者：三河市新茂装订有限公司
经　销：全国新华书店
开　本：188mm×260mm　　　印　张：12　　　字　数：295 千字
版　次：2014 年 8 月第 1 版　　　　　　印　次：2016 年 6 月第 2 次印刷
印　数：4001～5200
定　价：35.00 元

产品编号：052831-01

怎样才能设计出与众不同的漂亮网页呢？一个优秀的网页除了有合理的版式、恰当的内容之外，精美的色彩搭配也是优秀的网页必不可少的要素。在网络世界中，人们不再局限于简单的文字与图片组合，而是更加追求网页的美观与平衡。布局版式风格特色鲜明并有与网站主题相得益彰的配色方案，是决定网站成功与否的重要因素，所以网页设计者不仅要掌握基本的网页制作技术，还需要掌握有关页面布局风格设计及色彩搭配等方面的知识和技巧，才能成为一个优秀的网页设计师。

本书主要内容

本书在讲解版式布局和网页配色原理的基础之上，采用了大量国内外网站的配色成功案例进行实战分析，帮助读者在鉴赏过程中逐步掌握不同情况下网页配色的规律与技巧，进而成为网页设计的行家里手。全书共 11 章。

第 1 章：网页设计入门基础。本章讲述了网页设计的原则、什么才是好的网页设计、好的网页设计是怎样做出来的、色彩在网页设计中的重要性。

第 2~4 章：页面的布局与创意风格。其中讲述了网站布局的基本元素、网站页面的布局方法、常见的版面布局形式、网站页面的视觉元素文字、图片和导航的设计、网站页面创意的方法和风格。

第 5~8 章：介绍色彩的基础知识、常用色彩处理手法、网页配色标准与技巧、主色、辅色、点缀色。帮助读者掌握最基本的理论，为系统学习网页配色打好基础。

第 9 章：基本配色搭配。介绍了常见的配色搭配方法，详解配色方案，供读者即学即用。

第 10 章：网站色相与配色。重点介绍不同色彩（红、橙、黄、绿、青、蓝、紫、黑、灰）的配色方案和适用的网站分析，同时提供经典案例，并对其进行解析。

第 11 章：各类网站设计与配色案例解析。介绍了 18 类不同网站的特点和网页精彩配色案例。把理论融入到设计中，既锻炼了网页设计者对网页设计的分析能力和审美能力，又能够激发出网页设计者的创意与灵感，使网页设计者能够很好掌握网页配色在设计中的应用要点。

本书主要特点

● 通过本书，可以系统学习网站色彩知识，掌握网站色彩搭配技巧，提升网站色彩运用理念，也可以将它作为一本字典式的工具书。

● 紧跟当今最前卫的色彩流行趋势。本书展示了最时尚的网页设计风格，提供了最实用的设计版式和最前卫的配色经验，拓展读者的创意空间。强化对视觉心理的分析能力，把握处理设计网页与色彩心理表现之间关系的能力，发挥读者的视觉审美能力和艺术鉴赏能力。

● 本书通过分析不同类型网站的不同特点和针对不同的网站主题来合理布置色彩，有针对性地使用色彩来体现网站的特色，使读者快速领会配色要诀。

● 通过案例培养读者的实际操作能力，将理论与实际相结合，注重读者的思维、方法、技能的多向性及创造性思维的能力培养，获得知识和能力同步发展。

● 提供最丰富的配色方案和版式设计方案。颜色搭配得当，网页就成功了一半，再搭配合理的版式设计，使网页更成功。

● 本书通过展示优秀的网页设计作品，以多角度、多案例的结合，为读者的实务设计提供新的灵感和创意点。在开阔读者眼界的同时，结合理论进行讲解，帮助读者全面掌握网站设计的精髓。

本书读者对象

本书可作为没有美术基础的网页设计者学习，同时是在职网页设计制作人员在实际配色工作中的理想参考书，也是网页设计爱好者的学习工具书。希望本书可以为广大网页设计者提供一定的帮助。

这本书能够在这么短的时间内出版，是和很多人的努力分不开的。在此，我要感谢很多在我写作过程中给予帮助的朋友们，他们为此书的编写和出版做了大量的工作，在此向他们致以深深的谢意。

本书由国内著名网页设计培训专家张连元主笔，参加编写的还包括冯雷雷、晁辉、何洁、陈石送、何琛、吴秀红、王冬霞、何本军、乔海丽、孙良军、邓仰伟、孙雷杰、孙文记、何立、倪庆军、胡秀娥、赵良涛、徐曦、刘桂香、葛俊科、葛俊彬、晁代远等。

作者

第1篇
网页设计与布局

第1章 网页设计入门基础

本章导读

上网已成为当今人们的一种新的生活方式，通过互联网人们足不出户就可以知晓全世界的信息，同时企业网站也成为了每个公司必不可少的宣传媒介。互联网的迅速发展使网页设计越来越重要，要制作出出色的网站就需要熟悉网页设计的基础知识。

技术要点

- 熟悉网页设计的原则
- 什么才是好的网页设计
- 怎样做好网页设计
- 色彩在网页设计中的重要性

实例展示

风格统一的网站首页　　风格统一的网站二级页面　　特效文字和图片搭配　　页面版式编排布局合理

1.1　网页设计的原则

如果说网站是一家企业的"家"或平台，那么，网页就是这个家的门面。网页设计是否合理、美观，将直接影响浏览者对它的关注和认可，直接关系到企业经营的成败。就如同电视广告，蹩脚的广告看了使人大倒胃口，避之唯恐不及，而构思精巧的广告则能让人欣然接受，百看不厌。网页设计也是一样，美观大方、富于创意的网页，不仅能够吸引大量的浏览者，使更多的人认识、了解、过目不忘，进而使其青睐品牌，企业赢来无限商机。

1.1.1　了解用户需要

网页设计是展现企业形象、介绍产品和服务、体现企业发展战略的重要途径，因此必须明确设计站点的目的和用户的需求，以用户为中心，根据市场的状况、企业自身的情况等进行综合分析，从而制定出切实可行的设计计划。

在目标明确的基础上，完成网站的构思创意。对网站的整体风格和特色做出定位，规划网站的组织结构。一件完美、完整的网站设计作品，是设计师与客户不断进行沟通而设计出来的结果。

在构思网站时需要充分了解客户的需求，知晓要达到什么目的、效果。因此前期与客户的沟通是很有必要的，以便准确、完善地满足客户预期的要求。

网站的类型、特性，以及所针对的人群特点，如年龄、性别等，这些都是网页设计师需要了解的方面。设计师们所面对的客户群里，文化背景、性格类型等的差异，体现了各种各样的审美情趣。有些客户对于建立站点的目的并不是很明确，设计师就需要给出一些建议。具体表现为：是建立信息门户网站，还是企业网站？或是前期作为企业网站出现、后期逐渐发展演变为信息门户网站？以什么样的内容服务形式出现？主要针对的客户群体是什么？在设计形式方面，有的客户要求自己的网站具有信息门户网站的形式框架，有的客户则希望自己的网站颜色单一。这些要求需要设计师们静下心来，站在客户的角度共同探讨，以达到网站最终想要达到的目的和效果。

1.1.2　内容与形式的统一

网站需要在设计上做到吸引眼球是毋庸置疑的，那么，怎样把网页设计的形式与内容良好地统一呢？

任何设计都有一定的内容和形式，网站内容是构成网页设计的一切内在要素的总和，也是设计存在的基础；形式则是内容的外部表现方式，主要体现在结构、风格或颜色上。内容决定形式，形式反作用于内容，一个优秀的设计必定是形式对内容的完美表现。

一方面，网页设计所追求的形式美，必须适合主题的需要，这是网页设计的前提。只讲花哨的表现形式，以及过于强调"独特的设计风格"而脱离内容，或者只求内容而缺乏艺术的表现，网页设计都会变得空洞、无力。设计者只有将二者有机地统一起来，深入领会主题的精髓，再融合自己的思想感情，找到一个完美的表现形式，才能体现出网页设计独具的分量和特有的价值，如图1-1所示。

图1-1 形式符合主题的需要

另一方面，要确保网页上的每一个元素都有存在的必要性，不要为了炫耀而使用多余的技术，那样得到的效果可能会适得其反。有些设计者在设计网页时，为了追赶强烈的视觉冲击而采用了大量的图片或多媒体元素，造成网页载入时间过长，影响了访问的效果和质量，给访客带来不好的访问体验，也会降低访客的访问积极性。所以网页设计者可以在形式上采用适当的变化以达到多变性效果，丰富整个网页的形式美，让形式与内容高度统一。如图1-2所示，为了炫耀而采用了大量的图片，给客户造成不好的体验。

图1-2 为了炫耀而采用大量图片的网页

文字和图片的统一，就是形式和内容的统

一。文字口号是引起注意的元素之一，配加漂亮的导航按钮，瞬间让页面充满活力与美感，给浏览者丰富的视觉体验，如图1-3所示。

图1-3 文字和图片的统一

利用、加粗、斜体、描边、下划线，或者字母大小写搭配一些图片，这些都能让文字部分更有视觉冲击力，如图1-4所示。文字与图片的搭配，使表述的内容更加有意义，加深浏览者的印象。

图1-4 利用特效文字和图片搭配

任何的页面设计都是文字和图片搭配而成的。文字中融入了图片，便赋予了文字生命力，而图片添加上对应的文字内容，便构成了一道优美的"旋律音符"。网页的整体美感就是来源于形式和内容的统一。

1.1.3 主题鲜明

网页设计表达的是一定的意图和要求，有明确的主题，并按照视觉心理规律和形式将主题主动地传达给观赏者，以使主题在适当的环境中被人们及时理解和接受，从而满足其需求。这就要求网页设计不但要单纯、简练、清晰、精确，而且在强调艺术性的同时，更应该注重通过独特的风格和强烈的视觉冲击力来鲜明地突出设计主题，如图1-5所示。

图1-5 突出主题

1.1.4 易用性

网站易用性的思想核心是以用户为中心的网络营销思想的体现，具体体现于网站导航、网站内容、网站功能、网站服务、任务流程、外观设计、可信性等网站建设的方方面面。那些"易用性"设计优秀的网站，视觉效果清晰，可以为访问者提供使用流程上的协助，能够大大降低访问者浏览过程中的视觉负担，并且能够从系统中得到及时反馈，预知自己寻找内容的位置。

良好的网站易用性都有哪些特点？

❶方便查找：浏览者容易找到自己想要的信息。从网站导航开始，就要指引用户找到自己所需内容，这为用户带来极大的便利性。如图1-6所示。

★提示:★

网站导航包括全局导航、辅助导航、站点地图等。全局导航分为三个重要因素，包括站点Logo、回首页，以及一级栏目。浏览者无论进入多么深层的链接，皆可通过单击站点

★提示:★

Logo回到首页，返回到一级栏目。

针对全局导航，辅助导航的作用也是巨大的，无论浏览者访问到哪一级栏目，皆不会不知道自己的位置。如果网站的栏目层次比较深，辅助导航的作用就会充分显现，在一定程度上反映了网站的整个结构，也是对全局导航的补充，为浏览者更好地服务。

图1-6 网站的多级导航便于查找

❷易懂／易学：用户在首次进入网站时，可以轻松完成在该网站中的基本任务。

❸易记：当用户中断使用网站一段时间后，再次回到网站时，能否再次熟练上手？

❹出错率低：用户在使用网站时出现多少错误？这些错误有多严重？出错后能否轻易修正？

❺满意度高：用户对于网站使用的整体满意程度。

从网站易用性角度看，专业、合理的网页设计要以用户体验为标准，考虑到以下因素的合理性。

❶界面风格：界面风格要与网站的用户群、产品特性一致。品牌企业的风格在色彩运用上要考虑与VI视觉系统一致。如图1-7所示的幼儿园网站的风格采用卡通形象，与用户群一致。

图1-7 网站的风格与用户群一致

❷ CSS 样式：CSS 样式要遵循 Web 标准建站规范。Web 标准的典型应用模式是 CSS+Div，对网页外观设计的要求主要体现在"表现层"标准语言方面，即网页样式 CSS 的合理应用，如图 1-8 所示。

图1-8 使用CSS样式定义网页的外观

❸ 细节制胜：外观设计的专业与否，除了考虑以上基本方面，大量功夫体现在细节的设计上。不注重细节设计的网站，令人产生业余感，不利于信任度的提高。反之，外观设计关注到细节，可大大提升用户对网站的印象分，有利于顾客转化，如图 1-9 所示。

图1-9 网页设计注意细节

❹ 图片运用：图片运用对网页外观会产生主要的影响，包括：网站 Logo、背景图片、广告图片、修饰性图片等。一般网站的图片面积不应超过文本信息的面积，但现实情况是，很多网站图片面积占据至少半屏版面，甚至是全屏图片首页，导致页面大而空泛，对用户获取信息造成阻碍。

1.1.5　整体统一

整体统一是指网页各组成部分在内容上的内在联系和表现形式上的相互呼应，并注意整个页面设计风格统一、色彩统一、布局统一，即形成网站高度的形象统一。使整个页面设计的各个部分极为融洽。例如，整个网站的色彩要保持一致，选定主色调后，主色调贯穿网站的各个页面，达到了加强网站色调的印象。色彩在不同页面中也可以变化，如色相、饱和度、明度的变化均可，但始终注意要能给浏览者一种统一的视觉效果，变化中有统一。布局上，网站的页面也要保持统一，不要一个页面一种布局风格，没有整体的统一性，缺乏网站页面与页面之间的承接关系，这样就在某种程度上降低了网站的整体性，甚至给人一种是不是同一个网站的质疑。如图 1-10 所示为网站首页；如图 1-11 所示为网站的二级页面，整体保持一种风格统一。

图1-10 网站首页

图1-11 网站二级页面

网页艺术设计中页面的整体统一效果是至关重要的，始终要保持网站的整体统一，在设计中切勿将各组成部分孤立起来，那样会使画面呈现出一种凌乱的效果。

1.1.6 对比性

对比性就是在网页设计过程中，通过多与少、曲与直、强与弱、长与短、粗与细、主与次、黑与白、动与静等对比手法的运用，使网页主题更加突出、鲜明而富有生机。例如，页面上使用花纹、文字或图案构成的壁纸，效果类似于边框和背景色，能够表现出稳重的格调；运用对比强烈的色调，则会产生传统和信心十足的感觉。在网页艺术设计实践中，还可以通过调整图片和文字段落所占的面积来调节对比的强弱。如果图片所占比例过大，文案使用的字体过于纤细，字距、行距的安排又疏落，则易造成视觉的不平衡，显得生硬、强烈。应该指出的是，在使用对比时应慎重，对比过强容易破坏美感、影响统一，如图 1-12 所示。

图1-12 页面中的色块对比

1.2　网页设计的定位

好的网页设计作品，总是能在第一时间就打动浏览者，作为一个网站设计师，如果网页失去了这一点，那么就会失去一切。

1.2.1　什么才是好的网页设计

网页设计是一个比较特殊的设计方向，除了美观、合适的设计之外，还要承担网页设计所固有的功能性设计、体验性设计。每个网页设计的最终目的是要让浏览者来浏览和使用的，这也是网页设计的价值体现。那么，什么才是好的网页设计呢？

1．美观

相信每个人都有自己的审美能力，好的设计是有目共睹的，美的设计让人赏心悦目，优秀的网页设计能够给人带来美的享受。美观的设计不应该拘泥于形式，好的布局、设计风格最终呈现的优秀作品应该是有目共睹。如图1-13所示为美观的网页设计。

图1-13　美观的网页设计

美观的设计是所有设计师的追求，设计出美观的网页作品也是每一位网页设计师的职责所在。

2．实用

网页设计不同于传统媒体设计，网页设计有其功能性。功能性设计的好坏将直接关系到一个网页设计的成功与否。一个好的页面设计必须符合浏览者的阅读和浏览习惯，一个好的设计不仅要在视觉上美观、漂亮，在功能上还要实用，这两点结合得完美才算得上是一个好的设计。页面简洁、标题明确，能直接到位

地传达信息，这才是网页设计实用性的直接体现。如图1-14所示为简洁实用的网页设计。

图1-14　简洁实用的网页设计

3．界面弱化

一个好的页面设计，它的页面是绝对弱化的，它突出的是其功能性，着重体现的是网站本身要提供给使用者的服务。

界面弱化做得最好的莫过于Google、百度等搜索引擎的页面设计了。可以说，它们把网页的功能性设计到了极致，界面弱化到了极致，整个画面中就只有该网页的所有功能性按钮，外加Logo形象。

1.2.2　怎样做好网页设计

网页设计是一门新兴的行业，在互联网产生以后应运而生。网页如门面，小到个人主页，大到公司、政府部门及国际组织等，在网络上无不以网页作为自己的门面。要成为一个好的网页设计师，我们需要做几点如下到。

1．目标明确，定位正确

在目标明确的基础上，完成网站构思创意，即总体设计方案。对网站的整体风格和特色做出定位，规划网站的组织结构。要求做到主题鲜明突出、力求简洁、要点明确，以简单明确的语言和页面告诉大家本站的主题，吸引对本站有需求的人的视线。如图1-15所示为目标明确的网站。

图1-15 目标明确的网站

2. 易懂的文字，统一的风格

简洁的网站会带来直观的传达效果，浏览者会更容易对信息加工、理解和沟通。统一风格在于保证客户的内容统一性，而内容的统一可以提高其品牌的专业性，专业性就是信任和可靠的表现。如图1-16和图11-17所示的网站表现了页面的统一风格。

图1-16 网站首页

图1-17 网站二级页面

3. 审美能力

作为一名网页设计师，要具备审美的能力，如对比、均衡、重复、比例、近似、渐变，以及节奏美、韵律美等，这些都能在网页上显示出来，反映设计师高超的审美能力。要平时多多积累，在仔细观察的基础上多分析美的来源，并灵活地将这种理解了的美在自己的作品中表现出来。只有这样才能使自己的审美能力达到一定的高度。

4. 要有文学素养

作为合格的网页设计师，一定的文化素质是不可少的，好的文案，不仅仅让人对所做的网页回味无穷，也可使自己的网页平添几分艺术特色。具备这样的素质往往能从自己的网页上反映出来，能使受众体会到。

5. 网站结构的重要性

按照客户的目标需求去做导航、信息、链接，客户的网站不是公司的管理结构图，因此不要按照公司的管理结构去组织网站。

6. 版式美观，布局合理

版式设计通过文字图形的空间组合，表达出和谐之美。版式设计通过视觉要素的理性分析和严格的形式构成训练，培养对整体页面的把握能力和审美能力。站点设计要简单有序，主次关系分明，努力做到整体布局的合理化、有序化、整体化，如图1-18所示。

图1-18 页面版式美观、布局合理

多页面的站点编排设计要求把页面之间的有机联系反映出来，这里主要的问题是页面之间和页面内的秩序与内容的关系。为了达到最佳的用户体验效果，应讲究整体布局的合理性。特别是关系十分紧密的、有上下文关系的页面，可以考虑设计有"向前"和"向后"的按钮，便于浏览者仔细研读。

7. 色彩和谐，重点突出

不同的颜色搭配所表现出来的效果也不同，设计的任务不同，配色方案也随之变化。考虑到网页的适应性，应尽量使用网页安全色。但颜色的使用并没有一定的法则，如果一定要用某个法则去套，效果只会适得其反。经验告诉我们，可先确定一种能表现主题的主体色，然后根据具体的需要，应用颜色的近似和对比来完成整个页面的配色方案。整个页面在视觉上应是一个整体，以达到和谐、悦目的视觉效果，如图1-19所示。

图1-19 色彩和谐搭配

8. 不要总模仿

前期多模仿、多分析别人成功的网页设计作品，可以帮助自己尽快提高自己的网站设计水平，但是如果一直都在模仿别人的道路上，那么，你就永远没有自己的东西。

1.3 色彩在网页设计中的重要性

在网页制作中，最难的不是各种软件怎么使用，而是要懂得怎么把一个网页设计得非常漂亮。这不仅仅考验大家的技术，更考验网页设计者的艺术美感。但不管是设计网页、平面图、标志等，我们都会使用各种不同的颜色。

色彩的魅力是无限的，它可以让很平淡的东西瞬间变得漂亮起来，就如同一个人的着装一样，如果穿着一件色彩搭配合理的衣服，这个人就自然显得比较光鲜亮丽。网页也同样如此，随着网络时代的迅速发展，只有简单的文字与图片的网页，已经不能满足人们的需要了，一个网页给人们留下的第一印象，既不是它丰富的内容，也不是合理的版面布局，而是网站的整体颜色，这将决定浏览者是否继续浏览下去。

网站建设中色彩运用非常重要，一个网站打开首先给人印象的就是网站的整体色调。由于颜色的选择是设计世界中最主观的事物，但是理解为什么要选择其中一组颜色，而不是其他颜色的原理是其关键。暖色可以带来明媚的情绪，是网页设计中需要使人想起幸福和快乐时的明智选择；冷色最好用在专业性强和轮廓鲜明的网站上，以塑造一个冷静的企业形象。冷色可以赋予权威感，建立信任感。无彩色中的黑白是最好的配色方案，适合做文字，也可以做主题背景，和色环中的有彩色配合，不会产生色彩的冲突。

第2章 网站策划与网页布局

本章导读

  网站策划是整个网站构建的灵魂,网站策划在某种意义上就是一个导演,它引领了网站的方向,赋予网站生命力,并决定着它能否走向成功。好的网页布局会令访问者耳目一新,同样也可以使访问者比较容易在站点上找到他们所需要的信息,所以网页制作初学者应该对网站的策划和网页布局的相关知识有所了解。

技术要点

- ● 熟悉网站栏目和页面设计策划
- ● 掌握网站布局的基本元素
- ● 掌握版面布局设计
- ● 掌握网页布局方法与类型

实例展示

网站栏目具有提纲
挈领的作用

网页主体颜色
采用两种

封面型布局的网页

网页上的内容主次分明

2.1　网站栏目和页面设计策划

只有准确把握用户的需求，才能做出用户真正喜欢的网站。如果不考虑用户需求，网站的页面设计得再漂亮、功能再强大，也只能作为摆设，无法吸引用户，更谈不上将网站用户变为客户。

2.1.1　为什么要进行策划

网站策划是指在网站建设前对市场进行分析，确定网站的功能及要面对的用户，并根据需要对网站建设中的技术、内容、费用、测试、推广、维护等做出策划。网站策划对网站建设起到计划和指导的作用。

网站策划是网站建设过程中最重要的一部分，从网站如何架设，到确定网站的浏览人群、受众目标，再到网站的栏目设置、宣传推广策略、更新维护等都需要慎重而缜密的策划。

一个成功的网站，不在于投资多少、有多少高深的技术，也不在于市场有多大，而在于这个网站是否符合市场需求，是否符合体验习惯，是否符合运营基础。专业的网站策划可以带来以下几个好处。

● 避免日后返工，提高运营效率。很多网站投资人不是IT人士，以为有了网站开发人员、编辑人员和市场人员就可以将一个网站运营成功。但是当网站建设好以后，市场工作却无法展开。为什么？因为技术人员总是在不断地修改网站，而技术人员也总是叫苦连天，因为老板今天要求这样明天又要求那样。所以，为了避免以后不停地返工、修改网站，事先对网站的各个环节进行细致的策划是非常必要的。

● 避免重复"烧钱"，节约运营成本。当网站建设好后，为什么总是没有用户呢？然后花很多钱去推广，到最后也没有留住用户。那是因为网站的各环节，尤其是用户的体验环节定位出了问题。因此，如果想节省网站推广的费用，那就仔细反省一下网站自身的定位，做好网站的策划。

● 避免投资浪费，提高成功几率。在投资网站之前，一定要做一次细致的策划，如市场的考察、赢利模式的研究、网站的定位。只有具备了专业的思考和策划，才能使投资人的钱不白花，避免投资浪费。

● 避免教训，成功运营。当建设网站时，不要以为有了技术、内容、市场人员就万事大吉了，其实不是这样。策划网站时，不但是要策划网站的具体东西，更多的时候是要策划网站的市场定位、赢利模式、运营模式、运营成本等重要的运营环节。如果投资人连投资网站要花多少钱、什么时候有回报都不了解，那么，投资这个网站最终一定会失败。

2.1.2　网站的栏目策划

网站是由栏目组成的，每个栏目的划分是一个网站用户需求再细分的过程，做好每个栏目的策划，网站总的策划就成功了80%，所以一定要在栏目策划上下功夫。在策划工作中做得最多也是基于某个栏目的策划，一级栏目、二级栏目、三级栏目、内容页、列表页、导航页之间要成为一个完整的体系。要修改一个页面，更多的是要从这个页面所属的栏目去考虑，包括栏目的运营推广，也是自成体系的。很多人在做网站策划的时候，过于关注商业模式的建立，对栏目策划的细节关注不够。作为一位成功的网站设计者，一定要掌握栏目策划的流程和方法。

其实，网站栏目策划对于网站的成败有着非常直接的关系，网站栏目兼具以下两个功能，二者缺一不可。

1.　提纲挈领，点题明义

网速越来越快，网络的信息越来越丰富，浏览者却越来越缺乏浏览耐心。打开网站不超过 10 秒钟，一旦找不到自己所需的信息，网站就会被浏览者毫不客气地关掉。要让浏览者停下匆匆的脚步，就要清晰地给出网站内容的"提纲"，也就是网站的栏目。

因此，网站的栏目规划首先要做到"提纲挈领、点题明义"，用最简练的语言提炼出网站中每个部分的内容，清晰地告诉浏览者网站在说什么、有哪些信息和功能。如图 2-1 所示的网站的栏目具有提纲挈领的作用。

图2-1 网站栏目具有提纲挈领的作用

2. 指引迷途，清晰导航

网站的内容越多，浏览者就越容易迷失。除了"提纲"的作用之外，网站栏目还应该为浏览者提供清晰、直观的指引，帮助浏览者方便地到达网站的所有页面。网站栏目的导航作用通常包括以下 4 个方面。

● 全局导航：全局导航可以帮助用户随时跳转到网站的任何一个栏目。通常来说，全局导航的位置是固定的，以减少浏览者查找的时间。

● 路径导航：路径导航显示了用户浏览页面的所属栏目及路径，帮助用户访问该页面的上

下级栏目，从而更完整地了解网站信息。

● 快捷导航：对于网站的老用户而言，需要快捷地到达所需栏目，快捷导航为这些用户提供了直观的栏目链接，减少用户的点击次数和时间，提升浏览效率。

● 相关导航：为了增加用户的停留时间，网站策划者需要充分考虑浏览者的需求，为页面设置相关导航，让浏览者可以方便地到所关注的相关页面，从而增进对企业的了解，提升合作几率。

在如图 2-2 所示的网页中，可以看到多级导航栏目，顶部有一级页面导航，左侧又有产品展示和服务范围下的二级导航。

图2-2 多级导航栏目，方便用户浏览

网站的栏目策划，对于很多人而言，可能觉得不是什么大事，别人那样做，我们也那样做就好了，但是至少要知道别人为什么那样安排栏目，从哪些角度来考虑的，思考的东西越多，对你的用户越了解，你就会发现需要调整的东西就越多。

2.1.3　网站的页面策划

网站页面是网站营销策略的最终表现层，也是用户访问网站的直接接触层。同时，网站页面的规划也最容易让项目团队产生分歧。

网站策划者在做网页策划时，应遵循以下原则。

● 符合客户的行业属性及网站特点：在客户打开网页的一瞬间，让客户直观地感受到网站所要传递的理念及特征，如网页色彩、图片、布局等。

● 符合用户的浏览习惯：根据网页内容的重要性进行排序，让用户用最少的光标移动，找到所需的信息。

● 图文搭配，重点突出：用户对于图片的认知程度远高于对文字的认知程度，适当地使用图片可以提高用户的关注度。此外，确立页面的视觉焦点也很重要，过多的干扰元素会让用户不知所措。如图 2-3 所示的页面中使用了图片，大大提高了形象。

图2-3 页面中适当使用了图片

● 符合用户的使用习惯：根据网页用户的使用习惯，将用户最常使用的功能置于醒目的位置，以便于用户的查找与使用。

● 利于搜索引擎优化：减少 Flash 和大图片的使用，多用文字及描述，使搜索引擎更容易收录网站，让用户更容易找到所需内容。

2.2 网站布局的基本元素

不同性质的网站，构成网页的基本元素是不同的。网页中除了使用文本和图像外，还可以使用丰富多彩的多媒体和 Flash 动画等。

2.2.1 网站Logo

网站 Logo 也称为"网站标志"，网站标志是一个站点的象征，也是一个站点是否正规的标志之一。网站的标志应体现该网站的特色、内容，以及其内在的文化内涵和理念。成功的网站标志有着独特的形象标识，在网站的推广和宣传中将起到事半功倍的效果。网站标志一般放在网站的左上角，访问者一眼就能看到它。网站标志通常有 3 种尺寸：88 像素 ×31 像素、120 像素 ×60 像素和 120 像素 ×9 像素，如图 2-4 所示。

图2-4 网站Logo

标志的设计创意来自网站的名称和内容，大致分以下 3 个方面。

● 网站有代表性的人物、动物、花草，可以用它们作为设计的蓝本，加以卡通化和艺术化。

● 网站具有专业性的，可以用本专业的代

表物品作为标志，如中国银行的铜钱标志、奔驰汽车的方向盘标志。

● 最常用和最简单的方式是用自己网站的英文名称作为标志。采用不同的字体、字符的变形、字符的组合可以很容易制作好自己的标志。

2.2.2　网站Banner

网站 Banner 就是"横幅广告"，是互联网广告中最基本的广告形式。Banner 可以位于网页顶部、中部或底部，一般为横向贯穿整个或大半个页面的广告条。常见的尺寸是 480 像素 ×60 像素，或 233 像素 ×30 像素，使用 GIF 格式的图像文件，可以使用静态图形，也可以使用动画图像。除普通 GIF 格式外，采用 Flash 格式能赋予 Banner 更强的表现力和交互性。

网站 Banner 首先要美观，这个小的区域设计得非常漂亮，让人看上去很舒服，即使不是他们所要看的东西，或者是一些他们可看不可看的东西，他们也会很有兴趣地去看看，单击就是顺理成章的事情了。还要与整个网页协调，同时又要突出、醒目，用色要同页面的主色相搭配，如图2-5 所示。

图2-5　网站Banner

2.2.3　导航栏

导航栏是网页的重要组成元素，它的任务是帮助浏览者在站点内快速查找信息。好的导航系统应该能引导浏览者浏览网页而不迷失方向。导航栏的形式多样，可以是简单的文字链接，也可以是设计精美的图片或丰富多彩的按钮，还可以是下拉菜单导航。

一般来说，网站中的导航位置在各个页面中出现的位置是比较固定的，而且风格也较为一致。导航的位置一般有 4 种：在页面的左侧、右侧、顶部和底部。有时候在同一个页面中运用了多种导航。当然并不是导航在页面中出现的次数越多越好，而是要合理运用，达到页面总体的协调一致。如图 2-6 所示的网页中，既有顶部导航，也有左侧导航。

图2-6　网页的导航栏

2.2.4　主体内容

主体内容是网页中最重要的元素。主体内容借助链接，可以利用一个页面，高度概括几个页面所表达的内容，而首页的主体内容甚至能在一个页面中高度概括整个网站的内容。

主体内容一般均由图片和文字构成，现在的一些网站的主体内容中还加入了视频、音频等多媒体元素。由于人们的阅读习惯是由上至下、由左至右的，所以主体内容的内容分布也要按照这个规律，依照重要到不重要的顺序安排内容，所以在主体内容中，左上方的内容是最重要的，如图 2-7 所示。

图2-7　网页的主体内容

2.2.5　文本

网页内容是网站的灵魂，网页中的信息以文本为主。无论制作网页的目的是什么，文本都是网页中最基本的、必不可少的元素。与图像相比，文字虽然不如图像那样易于吸引浏览者的注意，但却能准确地表达信息的内容和含义。

一个内容充实的网站必然会使用大量的文字。良好的文本格式可以创建出别具特色的网页，激发浏览者的兴趣。为了克服文字固有的缺点，人们赋予了文本更多的属性，如字体、字号、颜色等，通过不同格式的区别，突出显示重要的内容。此外，还可以在网页中设置各种各样的文字列表，从而明确表达一系列的项目。这些功能给网页中的文本增加了新的生命力，如图 2-8 所示中网页底部的"关于我们"部分运用了大量文字。

图2-8　网页运用了大量文字

2.2.6　图像

图像在网页中具有提供信息、展示形象、装饰网页、表达页面情趣和风格的作用。图像是文本的说明和解释，在网页适当位置放置一些图像，不仅可以使文本清晰易读，而且使网页更加有吸引力。现在几乎所有的网站都使用图像来增加网页的吸引力，有了图像，网站才能吸引更多的浏览者。可以在网页中使用 GIF、JPEG 和 PNG 等多种图像格式，其中使用最广泛的是 GIF 和 JPEG 两种格式。如图 2-9 所示，在网页中插入图片生动、形象地展示了景点信息。

图2-9　在网页中使用图片

2.2.7 Flash动画

Flash 动画具有简单易学、灵活多变的特点，所以受到很多网页制作人员的喜爱，它可以生成亮丽夺目的图形界面，而文件的体积一般只有 5KB ~ 50KB。随着 ActionScript（动态脚本编程语言）的逐渐发展，Flash 已经不再仅局限于制作简单的交互动画，通过复杂的动态脚本编程可以制作出各种各样有趣、精彩的 Flash 动画。由于 Flash 动画具有很强的视觉冲击力和听觉冲击力，因此一些公司网站往往会采用 Flash 制作相关的页面，借助 Flash 的精彩效果吸引客户的注意力，从而达到比以往静态页面更好的宣传效果，如图 2-10 所示为用 Flash 动画制作的页面。

图2-10 用Flash动画制作的页面

2.2.8 页脚

网页的最底端部分被称为页脚，页脚部分通常被用来介绍网站所有者的具体信息和联络方式，如名称、地址、联系方式、版权信息等。其中一些内容被做成标题式的超链接，引导浏览者进一步了解详细的内容，如图 2-11 所示的页脚。

图2-11 页脚

2.2.9 广告区

广告区是网站实现赢利或自我展示的区域。一般位于网页的顶部、右侧。广告区内容以文字、图像、Flash 动画为主，通过吸引浏览者点击链接的方式达成广告效果。广告区设置要做到明显、合理、引人注目，这对整个网站的布局很重要，如图 2-12 所示为网页的广告区。

图2-12 网页广告区

2.3 版面布局设计

网站分为很多不同的网页，如主页、栏目首页、内容网页等，不同的网页需要不同的版面布局。与报纸、杂志不同的是，网站的所有网页组成的是一个层次型结构，每一层网页里都需要建立访问下一层网页的超链接索引，所以网页所处的层次越高，网页中的内容就越丰富，网页的布局就越复杂。

2.3.1　版面布局原则

网页在设计上有许多共同之处，如报纸等，也要遵循一些设计的基本原则。熟悉一些设计原则，再对网页的特殊性进行一些考虑，便不难设计出美观大方的页面来。网页页面设计有以下基本原则，熟悉这些原则将对页面的设计有所帮助。

1. 主次分明，中心突出

在一个页面上，必须考虑视觉的中心，这个中心一般在屏幕的中央，或者在中间偏上的位置。因此，一些重要的文章和图像一般可以安排在这个部位，在视觉中心以外的地方就可以安排那些稍微次要的内容，这样在页面上就突出了重点，做到了主次有别。如图 2-13 所示的网页内容主次分明，重点突出了酒店的会议设施、餐饮设施、康体娱乐设施和客房设施的图片。

图2-13　网页上的内容主次分明

2. 大小搭配，相互呼应

较长的文章或标题，不要编辑在一起，要有一定的距离；同样，较短的文章，也不能编排在一起。对待图像的安排也是这样，要互相错开，使大小图像之间有一定的间隔，这样可以使页面错落有致，避免重心的偏离，如图 2-14 所示。

图2-14　图文搭配排版

3. 图文并茂，相得益彰

文字和图像具有一种相互补充的视觉关系，页面上文字太多，就显得沉闷，缺乏生气。页面上图像太多，缺少文字，必然会减少页面的信息量。因此，最理想的效果是文字与图像的密切配合，互为衬托，既能活跃页面，又使主页有丰富的内容。

4. 简洁、一致性

保持简洁的常规做法是使用醒目的标题，这个标题常常采用图形表示，但图形同样要求简洁；另一种保持简洁的做法是限制所用的字体和颜色的数量。一般每页使用的字体不超过 3 种。

要保持一致性，可以从页面的排版下手，各个页面使用相同的页边距，文本、图形之间保持相同的间距。主要图形、标题或符号旁边留下相同的空白。

5. 网页颜色选用

考虑到大多数人使用 256 色显示模式，因此一个页面显示的颜色不宜过多，应当控制在 256 色以内。主体颜色通常只需要 2 ~ 3 种，并采用一种标准色，如图 2-15 所示的网页主体颜色采用两种。

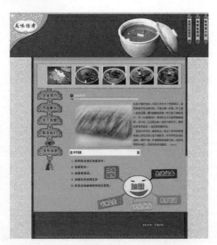

图2-15 网页主题颜色采用两种

6.网页布局时的一些元素

格式美观的正文、和谐的色彩搭配、较好的对比度，使文字具有较强的可读性，生动的背景图案、页面元素大小适中、布局匀称、不同元素之间有足够空白、各元素之间保持平衡、文字准确无误、无错别字、无拼写错误，这些也是网页布局时要做到的。

2.3.2 纸上布局

熟悉网页制作的人在拿到网页的相关内容后，也许很快就可以在脑海中形成大概的布局，并且可以直接用网页制作工具开始制作。但是对不熟悉网页布局的人来说，这么做有相当大的困难，所以，此时就需要借助于其他的方法来进行网页布局。

设计版面布局前先画出版面的布局草图，接着对版面布局进行细化和调整，反复细化和调整后，确定最终的布局方案。

新建的页面就像一张白纸，没有任何表格、框架和约定俗成的东西，尽可能地发挥想象力，将所想到的内容画上去。这属于创造阶段，不必讲究细腻、工整，不必考虑细节和功能，只以用粗陋的线条勾画出创意的轮廓即可。尽可能地多画几张草图，最后选定一个满意的来创作，如图2-16所示。

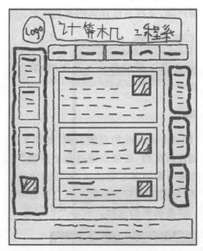

图2-16 纸上布局草图

2.3.3 软件布局

如果不喜欢用纸来画出布局示意图，还可以用专业制图软件来进行布局（如Fireworks和Photoshop等），用它们可以像设计一幅图片、一幅招贴画、一幅广告一样去设计一个网页的界面，然后再考虑如何用网页制作软件去实现这个网页。不像用纸来设计布局，利用软件可以方便地使用颜色、图形，并且可以利用"层"的功能设计出用纸张无法实现的布局意念。如图2-17所示为使用软件布局的网页草图。

图2-17 使用软件布局的网页草图

2.4　常见的版面布局形式

常见的网页布局形式大致有"国"字形、"厂"字形、"框架"型、"封面"型和 Flash 型布局。

2.4.1　"国"字形布局

"国"字形布局如图 2-18 所示。最上面是网站的标志、广告及导航栏，接下来是网站的主要内容，左右分别列出一些栏目，中间是主要部分，最下部是网站的一些基本信息，这种结构是国内一些大中型网站常见的布局方式。优点是充分利用版面、信息量大；缺点是页面显得拥挤、不够灵活。

图2-18　"国"字形布局的网页

2.4.2　"厂"字形布局

"厂"字形结构布局是指页面顶部为标志+广告条，下方左侧为主菜单，右侧显示正文信息，如图 2-19 所示。这是网页设计中使用广泛的一种布局方式，一般应用于企业网站中的二级页面。这种布局的优点是页面结构清晰、主次分明，是初学者最容易上手的布局方式。在这种类型中，一种很常见的类型是最上面为标题及广告，左侧是导航链接。

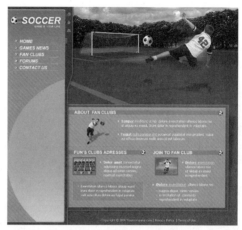

图2-19　"厂"字形布局的网页

2.4.3　"框架"型布局

框架型布局一般分成上下或左右布局，一栏是导航栏目，一栏是正文信息。复杂的框架结构可以将页面分成许多部分，常见的是三栏布局，如图 2-20 所示。上边一栏放置图像广告，左侧一栏显示导航栏，右侧显示正文信息。

图2-20　"框架"型布局的网页

2.4.4 "封面"型布局

封面型布局一般应用在网站的主页或广告宣传页上，为精美的图像加上简单的文字链接，指向网页中的主要栏目，或者通过"进入"按钮链接到下一个页面，如图 2-21 所示为"封面"型布局的网页。

图2-21 "封面"型布局的网页

2.4.5 Flash型布局

这种布局与封面型的布局结构类似，不同的是页面采用了 Flash 技术，动感十足，可以大大增强页面的视觉冲击力，如图 2-22 所示为 Flash 型网页布局。

图2-22 Flash型布局的网页

2.5 页面排版布局趋势

设计行业日新月异，设计师和开发人员都需要紧跟潮流。

1. 简单中心式布局

虽然计算机的显示器越来越大，分辨率也越来越高，但为了让阅读和浏览网站能更加舒服，网站布局却越来越简洁了。如今双栏乃至单栏布局似乎非常流行。此外，时下的网站设计师偏好使用中心定位，而不是之前流行的向左定位，如图 2-23 所示为简单中心式布局。

2. 向下滚动条更合适

当需要在单个页面上呈现众多内容时，只有两种方法可以实现，一种是完全利用显示宽度，另一种是直接利用垂直滚动条。每一种方式都有其合理优势，然而，从可用性角度考虑，向下滚、动窄而较长的页面更为方便。

图2-23 简单中心式布局

3. 水平导航菜单

当然，网站布局的选择主要依网站的具体类型而定。搜索引擎与网上商店就需要采用截然不同的布局设计方法。不过，今天似乎越来越多的设计师喜欢使用上水平菜单和导航字符串来替代垂直类型，如图2-24所示。显然，这可以用人们从左至右的文本阅读习惯来加以解释。同时，广泛采用分离框来介绍站点的不同区域或分类，当需要抓住访客目光和合理安排内容时，这种框体是很起作用的。

图2-24 水平导航菜单

4. 整页背景

网页背景经常遭到忽视，当然，它们本身也不应该太受关注，否则前景中的东西也就不那么显眼了。但有时，当设计师灵感迸发时，也会把背景做成网页中最显著的部分。当设计师没有很多内容可以展示的时候，他们就会这么做，如图2-25所示为整页背景。

图2-25 整页背景

5. 使用 Flash，但不要滥用

显示动态图片的 Flash 技术让互联网发展迈上了新台阶。当需要快速吸引访客注意时，这是非常有效的方法。除此之外，Flash 还能使网站具备完全不同的特性——提供动态内容和丰富的视效和音效等。不过，眼下搜索引擎对 Flash 的友好性问题仍未彻底得到解决。因此，使用 Flash 要有的放矢，切忌过度使用。

6. 大字体、大按钮

我们再度回到网站的可用性上，网站的全部内容都应该阅读方便、清晰明了。因而，大字体和大按钮是合适的选择。随着 CSS 和浏览器功能的不断改进，设计师现在可以将一幅网页变成一幅图形艺术的杰作，可以模仿杂志风格的布局，也可以采用丰富的字体，而不致损害文本的清晰度。如图2-26所示为大字体、大按钮的网页。

图2-26 大字体、大按钮的网页

7. 颜色要有对比，但不能突兀

网站背景与文本的颜色选择十分重要。一般来说，网站有使用纸质风格的倾向，即将内容置于柔和色调背景之上。对比鲜明的颜色则用于 Logo 或按钮设计上等。留足空白区域对访问者很重要，这样他们就能方便地找到自己所需要的内容。

第3章 网站页面的视觉元素设计

本章导读

网页设计运用了平面设计基本的视觉元素，从而达到信息传达和审美的目的。这些视觉元素包括：文字、字体、图形图像、版面。视觉元素及其它们相互之间的组合构成方式，是网页设计准确传递信息和符合视觉审美规律的基本要求。商业网站视觉设计应以为商业目标服务为出发点，要为浏览者提供最大的视觉愉悦。有了这个原则，才可以正确处理好技术应用、图像与文本的关系等问题。

技术要点

- 熟悉网页的构成
- 掌握页面中的文字设计
- 掌握页面中的图像应用

实例展示

| 网页中的面 | 图像的主体清晰可见 | 图形化的文字 | 多彩的网页文字 |

3.1　网页构成

点、线、面是构成视觉空间的基本元素，是表现视觉形象的基本设计语言。网页设计实际上就是如何经营好这三者的关系，因为不管是任何视觉形象或版式构成，归结到底都可以归纳为点、线和面。一个按钮、一个文字是一个点，几个按钮或几个文字的排列形成线。而线的移动或数行文字、一块空白可以理解为面。点、线、面相互依存、相互作用、可以组合成各种各样的视觉形象，千变万化的视觉空间。

3.1.1　点的应用

在网页中，一个单独而细小的形象可以称为"点"。点是相比较而言的，例如，一个汉字是由很多笔划组成的，但是在整个页面中，可以称为一个点。点也可以是网页中相对微小、单纯的视觉形象，如按钮、Logo 等。如图 3-1 所示为网页中的按钮组成的点。

图3-1　网页中的按钮组成的点

需要说明的是，并不是只有圆的才叫点，方形、三角形、多边形都可以作为视觉上的点，点是相对线和面而存在的视觉元素。

点是构成网页的最基本单位，在网页设计中，经常需要我们主观地加些点，如在新闻的标题后加个 NEW；在每小行文字的前面加个方形或圆形的点。

点在页面中起到活泼、生动的作用，使用得当，甚至可以起到画龙点睛的作用。

一个网页往往需要由数量不等、形状各异的点来构成。点的形状、方向、大小、位置、聚集、发散，能够给人带来不同的心理感受。

3.1.2　线的应用

点的延伸形成线，线在页面中的作用在于表示方向、位置、长短、宽度、形状、质量和情绪。如图 3-2 所示为网页中的线条。

图3-2　网页中的线条

线是分割页面的主要元素之一，是决定页面现象的基本要素。

线分为直线和曲线两种，这是线的总体形状。同时线还具有本体形状和两端的形状。

线的总体形状有垂直、水平、倾斜、几何曲线、自由线，这几种可能。

线是具有情感的。如水平线给人开阔、安宁、平静的感觉；斜线具有动力、不安、速度和现代意识；垂直线具有庄严、挺拔、力量、向上的感觉；曲线给人柔软、流畅的女性特征；自由曲线是最好的情感抒发手段。

网页布局与配色完全学习手册

将不同的线运用到页面设计中，会获得不同的效果。知道什么时候应该运用什么样的线条，可以充分表达所要体现的东西。

3.1.3 面的应用

面是无数点和线的组合，面具有一定的面积和质量，占据空间更多，因而相比点和线来说，面的视觉冲击力更大、更强烈。网页中不同背景颜色将页面分成不同的版块，如图3-3所示。

图3-3 网页中的面

只有合理地安排好面的关系，才能设计出充满美感、艺术且实用的网页作品。在网页的视觉构成中，点、线、面既是最基本的造型元素，又是最重要的表现手段。在确定网页主体形象的位置、动态时，点、线、面将是需要最先考虑的因素。只有合理地安排好点、线、面的互相关系，才能设计出具有最佳视觉效果的页面。

3.2　页面中的文字设计

文本是人类重要的信息载体和交流工具，网页中的信息也是以文本为主。虽然文字不如图像直观、形象，但是却能准确地表达信息的内容和含义。在确定网页的版面布局后，还需要确定文本的样式，如字体、字号和颜色等，还可以将文字图形化。

3.2.1 文字的字体、字号、行距

网页中中文默认的标准字体是"宋体"，英文是 The New Roman。如果在网页中没有设置任何字体，在浏览器中将以这两种字体显示。

字号大小可以使用磅（point）或像素（pixel）来确定。一般网页常用的字号大小为12磅左右。较大的字体可用于标题或其他需要强调的地方，小一些的字体可以用于页脚和辅助信息。需要注意的是，小字号容易产生整体感和精致感，但可读性较差。

无论选择什么字体，都要依据网页的总体设想和浏览者的需要。在同一页面中，字体种类少，版面雅致、有稳重感；字体种类多，则版面活跃、丰富多彩。关键是如何根据页面内容来

掌握这个比例关系。

行距的变化也会对文本的可读性产生很大影响，一般情况下，接近字体尺寸的行距设置比较适合正文。行距的常规比例为 10:12，即字号为 10 点，则行距为 12 点，行距适当放大后字体感觉比较合适，如图 3-4 所示。

图3-4 适当的行距

行距可以用行高（line-height）属性来设置，建议以磅或默认行高的百分数为单位。如（line-height：20pt）、（line-height：150%）。

3.2.2 文字的颜色

在网页设计中可以为文字、文字链接、已访问链接和当前活动链接选用各种颜色。如正常字体颜色为黑色，默认的链接颜色为蓝色，鼠标单击之后又变为紫红色。使用不同颜色的文字可以使想要强调的部分更加吸引人，但应该注意的是，对于文字的颜色，只可少量运用，如果什么都想强调，其实是什么都没有强调。况且，在一个页面上运用过多的颜色，会影响浏览者阅读页面内容，除非有特殊的设计目的。

颜色的运用除了能够起到强调整体文字中特殊部分的作用之外，对于整个文案的情感表达也会产生影响。如图 3-5 所示为多彩的网页文字。

图3-5 多彩的网页文字

另外需要注意的是文字颜色的对比度，它包括明度上的对比、纯度上的对比，以及冷暖的对比。这些不仅对文字的可读性起作用，更重要的是，可以通过对颜色的运用实现想要的设计效果、设计情感和设计思想。

3.2.3 文字的图形化

所谓文字的图形化，即把文字作为图形元素来表现，同时又强化了原有的功能。作为网页设计者，既可以按照常规的方式来设置字体，也可以对字体进行艺术化的设计。无论怎样，一切都应该以如何更出色地实现自己的设计目标为中心。

将文字图形化，以更富创意的形式表达出深层的设计思想，能够克服网页的单调与平淡，从而打动人心，如图 3-6 所示为图形化的文字。

图3-6 图形化的文字

网页布局与配色完全学习手册

3.2.4 让文字易读

字体是帮助用户获得与网站的信息交互的重要手段，因而文字的易读性和易辨认性是设计网站页面时的重点。不同的字体会营造出不同的氛围，同时不同的字体大小和颜色也对网站的内容起到强调或提示的作用。

正确的文字和配色方案是好的视觉设计的基础。网站上的文字受屏幕分辨率和浏览器的限制，但仍有通用的一些准则：文字必须清晰可读、大小合适，文字的颜色和背景色应有较为强烈的对比度，文字周围的设计元素不能对文字造成干扰。在如图 3-7 所示的网页中，文本与背景色对比不强烈，阅读吃力，同时正文字体过小。

图3-7 文本与背景色对比不强烈

★指点迷津：★

在进行网站的页面文字排版时，要做到以下几点。

● 避免字体过于黯淡，导致阅读困难。

● 文字颜色与背景色对比明显。

● 文字颜色不要太杂。

● 有链接的字体要有所提示，最好采用默认链接样式。

● 标题和正文所用的文字大小有所区别。

● 作为内容的文字，最好能大一点。

● 英文和数字选用与中文字体和谐的字体。

3.3 页面中的图像应用

图像是网页构成中最重要的元素之一，美观的图像会给网页增色不少。另一方面，图像本身也是传达信息的重要手段之一，与文字相比，它可以更直观地把那些文字无法表达的信息表达出来，易于浏览者理解和接受，所以图像在网页中非常重要。

3.3.1 常见的网页图像格式

网页中常用的图像格式通常有三种，即 GIF、JPEG 和 PNG。目前，GIF 和 JPEG 文件格式的支持情况最好，使用大多数浏览器都可以查看它们。PNG 文件具有较大的灵活性，并且文件较小，它对于几乎所有类型的网页图形来说，都是最适合的，但是，Microsoft Internet Explorer 和 Netscape Navigator 只能部分支持 PNG 图像的显示，所以建议使用 GIF 或 JPEG 格式，以满足更多人的需求。

1.GIF 格式

GIF 是 Graphic Interchange Format 的缩写，即图像交换格式，该种格式文件最多可以使用

256 种颜色，最适合显示色调不连续或具有大面积单一颜色的图像，如导航条、按钮、图标、徽标或其他具有统一色彩和色调的图像。

GIF 格式的最大优点是用来制作动态图像，可以将数张静态文件作为动画帧串联起来，转换成一个动画文件。

GIF 格式的另一优点是可以让图像以交错的方式在网页中呈现。所谓"交错显示"，就是当图像尚未下载完成时，浏览器会先以马赛克的形式让图像先显示出来，让浏览者可以大略猜出所下载图像的雏形，随后显示最终效果。

2. JPG 格式

JPEG 是 Joint Photographic Experts Group 的缩写，它是一种图像压缩格式。该种文件格式是用于摄影或连续色调图像的高级格式，这是因为 JPEG 文件可以包含数百万种颜色。随着 JPEG 文件品质的提高，文件的大小和下载时间也会随之增加。通常，可以通过压缩 JPEG 文件，在图像品质和文件大小之间找到良好的平衡。

JPEG 格式是一种压缩得非常紧凑的格式，专门用于不含大色块的图像。JPEG 的图像有一定的失真度，但在正常的损失下，肉眼分辨不出 JPEG 和 GIF 图像的区别，而 JPEG 文件大小只有 GIF 文件大小的 1/4。JPEG 对图标之类的、含大色块的图像不是很有效，不支持透明图和动态图，但它能够保留全真的色调板格式。如果图像需要全彩模式才能表现效果，JPEG 格式就是最佳的选择。

3. PNG 格式

PNG（Portable Network Graphics）图像格式是一种非破坏性的网页图像文件格式，它提供了将图像文件以最小的方式压缩，却又不造成图像失真的技术。它不仅具备了 GIF 图像格式的大部分优点，而且还支持 48-bit 的色彩，能更快地交错显示，支持跨平台的图像亮度控制、更多层的透明度设置。

3.3.2 网页中应用图像的注意要点

网页设计与一般的平面设计不同，网页图像不需要很高的分辨率，但这并不代表任何图像都可以添加到网页上。在网页中使用图像还需要注意以下几点。

● 图像不仅仅是修饰性的点缀，还可以传递相关信息。所以在选择图像前，应选择与文本内容，以及整个网站相关的图像。如图 3-8 所示的图像与网站的内容相关。

图3-8 图像与网站的内容相关

● 除了图像的内容以外，还要考虑图像的大小，如果图像文件太大，浏览者在下载时会花费很长的时间去等待,这将会大大影像浏览者的下载意愿,所以一定要尽量压缩图像的文件大小。

● 图像的主体最好清晰可见,图像的含义最好简单明了,如图3-9所示。图像文字的颜色和图像背景颜色最好鲜明对比。

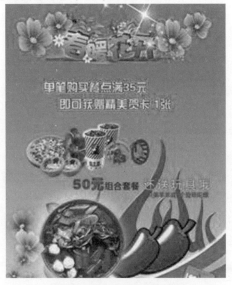

图3-9 图像的主体清晰可见

● 在使用图像作为网页背景时,最好能使用淡色系列的背景图。背景图像像素越小越好,这样将能大大降低文件的尺寸,又可以制作出美观的背景图。如图3-10所示为淡色的背景图。

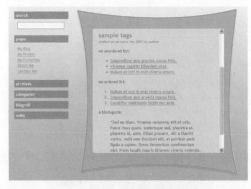

图3-10 淡色的背景图

● 对于网页中的重要图像,最好添加提示文本。这样做的好处是,即使浏览者关闭了图像显示或由于网速而使图像没有下载完,浏览者也能看到图像说明,从而决定是否下载图像。

3.3.3 让图片更合理

网页上的图片也是版式的重要组成部分,正确运用图片,可以帮助用户加深对信息的印象。与网站整体风格协调的图片,能帮助网站营造独特的品牌氛围,加深浏览者的印象。

网站中的图片大致有以下3种:Banner广告图片、产品展示图片、修饰性图片,如图3-11所示的网页中使用了各种图片。

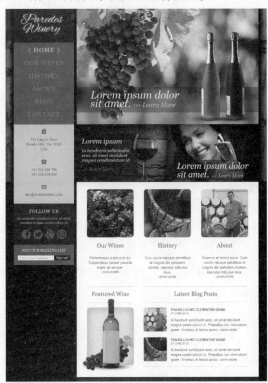

图3-11 网页中使用了各种图片

★指点迷津:★

在网页图片的设计处理时应注意以下事项。

●图片出现的位置和尺寸合理,不对信息获取产生干扰,喧宾夺主。

●考虑浏览者的网速,图片文件不宜过大。

●有节制地使用Flash和动画图片。

●在产品图片的alt标签中添加产品名称。

●形象图片注重原创性。

3.4 网站导航设计

网站的导航机制是网站内容架构的体现，网站导航是否合理是网站易用性评价的重要指标之一。网站的导航机制一般包括：全局导航、辅助导航、站点地图等体现网站结构的因素。 正确的网站导航要做到便于用户的理解和使用，让用户对网站形成正确的空间感和方向感，不管进入网站的哪一页，都很清楚自己所在的位置。

3.4.1 导航设计的基本要求

一个网站导航设计对提供丰富、友好的用户体验有至关重要的作用，简单、直观的导航不仅能提高网站易用性，而且在用户找到所要的信息后，有助于提高用户转化率。导航设计在整个网站设计中的地位举足轻重。导航有许多方式，常见的有导航图、按钮、图符、关键字、标签、序号等多种形式。在设计中要注意以下基本要求。

● 明确性：无论采用哪种导航策略，导航的设计应该明确，让使用者能一目了然。具体表现为：能让浏览者明确网站的主要服务范围；能让浏览者清楚了解自己所处的位置等。只有明确的导航才能真正发挥"引导"的作用，引导浏览者找到所需的信息，如图3-12所示为明确的网站导航。

图3-12 明确的网站导航

● 可理解性：导航对于用户应是易于理解的。在表达形式上，要使用清楚、简洁的按钮、图像或文本，要避免使用无效字句。

● 完整性：完整性是要求网站所提供的导航具体、完整，可以让用户获得整个网站范围内的领域性导航，能涉及网站中全部的信息及其关系。

● 咨询性：导航应提供用户咨询信息，它如同一个问询处、咨询部，当用户有需要的时候，能够为使用者提供导航。

● 易用性：导航系统应该容易进入，同时也要容易退出当前页面，或者让使用者以简单的方式跳转到想要去的页面。

● 动态性：导航信息可以说是一种引导，动态的引导能更好地解决用户的具体问题。及时、动态地解决使用者的问题，是一个好导航必须具备的特点。

考虑到以上这些导航设计的要求，才能保证导航策略的有效性，发挥出导航策略应有的作用。

3.4.2　全局导航的基础要素

全局导航又称"主导航"，它是出现在网站每个页面上的一组通用的导航元素，以一致的外观出现在网站的每个页面，扮演着对用户最基本访问的方向性指引。

对于大型电子商务网站来说，全局导航还应当包括搜索与购买两大要素，以方便用户在任意页面均能进行产品搜索与购物。如图3-13所示为京东商城购物网站的全局导航。

图3-13　网站的全局导航

★指点迷津:★

一般企业的全局导航必须包括以下3个基本要素。

● 站点Logo：网站中的Logo必须添加回首页的链接。

● 回首页：每个全局导航的左边位置应该出现回首页的提示及链接。

● 全站基础栏目(一级栏目)。

3.4.3　导航设计注意要点

在设计导航时最佳导航方式是采用文本链接方式，但不少网站，尤其是娱乐休闲类网站为了表现网站的独特风格，在全局导航条上使用Flash或图片等作为导航。以下是一些常见的导航设计注意事项。

● 导航使用的简单性。导航的使用必须要尽可能简单，避免使用下拉或弹出式菜单导航，如果没办法一定要用，那么，菜单的层次不要超过两层。

● 不要采用"很酷"的表现技巧。如把导航隐藏起来，只有当鼠标停留在相应位置时才会出现，这样虽然看起来很酷，但是浏览者更喜欢可以直接看到的选择。

● 目前很多网站喜欢使用图片或Flash来做网站的导航，从视觉角度上讲，这样做更别致、更醒目，但是它对提高网站易用性没有好处。

● 注意超链接颜色与单纯叙述文字的颜色呈现。HTML允许设计者特别标明单纯叙述文字与超链接的颜色，以便丰富网页的色彩呈现。如果网站充满知识性的信息，欲传达给访问者，建议将网页内的文字与超链接颜色设计成较干净、素雅的色调，会较有利于阅读。

● 应该让浏览者知道当前网页的位置，例如，通过辅助导航的"首页＞新闻频道＞新闻标题"对所在网页位置进行文字说明，同时配合导航的高亮颜色，可以达到视觉直观指示的效果。

● 测试所有的超链接与导航按钮的真实可行性。网站制作完成发布后，第一件该做的事是逐一测试每一页的超链接与每一个导航按钮的真实可行性，彻底检验有没有失败的链接。

● 导航内容必须清晰。导航的目录或主题种类必须要清晰，不要让用户感到困惑，而且如果有需要突出主要网页的区域，则应该与一般网页在视觉上有所区别。

● 准确的导航文字描述。用户在单击导航

链接前，对他们所找的东西有一个大概的了解，链接上的文字必须能准确描述链接所到达的网页内容。

3.4.4　让按钮更易点击

　　按钮是网站界面中伴随着用户点击行为的特殊图片，按钮在设计上有较高的要求。按钮设计的基本要求是要达到"点击暗示"效果，凹凸感、阴影效果、水晶效果等均是这一原则的网络体现。同时，按钮中的可点击范围最好是整个按钮，而不仅限于按钮图片上的文字区域。如图 3-14 所示的淘宝网站的"立刻购买"和"加入购物车"按钮设计就非常漂亮。

图3-14　按钮更容易点击

★指点迷津:★

可以通过以下几点来设计按钮，让它更易被点击。

●按钮颜色与背景颜色有一定的反差。

●按钮有浮起感，可点击范围够大，包括整个按钮。

●按钮文字提示明确，如果没有文字，确信所使用的图形按钮是约定俗成、容易被用户理解的图片。

●对顾客转化起重要作用的按钮用色应突出一点，尺寸大一点。

第 3 章　网站页面的视觉元素设计

第4章 网站页面创意方法与技巧

本章导读

  许多网站都设计得十分具有创意，这样也更方便展示商品，因为具有创意的页面往往可以体现出一个网站的整体水平。甚至可以招揽到更多的生意。既然是创意设计，视觉冲击力肯定是最重要的。网站的整体风格及其创意设计也是最难把握的，它没有一个固定的格式可以参照和模仿。

技术要点

- 页面设计创意思维
- 创意的方法
- 网站页面风格

实例展示

大幅配图

设计简洁的网站页面

富于联想

巧用对比

4.1　页面设计创意思维

一个网站如果想确立自己的形象，就必须具有突出的个性。在页面设计中，要想达到吸引买家、引起买家购买的目的，就必须依靠网站自身独特的创意，因此创意是网站存在的关键。好的创意能巧妙、恰如其分地表现主题、渲染气氛，增加页面的感染力，让人过目不忘，并且能够使页面具有整体协调的风格。

4.1.1　什么是创意

创意是引人入胜、精彩万分、出奇不意的想法；创意是捕捉出来的点子，是创作出来的奇招；创意并不是天才者的灵感，而是思考的结果；创意是将现有的要素重新组合。在网站页面设计中，创意的中心任务是表现主题。因此，创意阶段的一切思考，都要围绕着主题来进行。如图 4-1 所示为页面的创意设计。

图4-1　创意设计

4.1.2　创意思维的原则

1. 审美原则

好的创意必须具有审美性。一个创意如果不能给浏览者以好的审美感受，就不会产生好的效果。创意的审美原则要求所设计的内容健康、生动、符合人们审美观念。如图 4-2 所示为设计美观的页面。

图4-2　创意的审美原则

2. 目标原则

创意自身必须与创意目标相吻合，创意必须能够反映主题、表现主题。网站页面设计必须具有明确的目标性，网站页面设计的目的是为了更好体现网站内容。如图 4-3 所示中创意的目标是为了突出装修后的地板效果。

图4-3　目标原则

3. 系列原则

系列原则符合"寓多样于统一之中"这一形式美的基本法则，是在具有同一设计要素或同一造型、同一风格或同一色彩、同一格局等的基础上进行连续的发展变化，既有重复的变迁，又有渐变的规律。这种系列变化，给人一种连续、统一的形式感，

网页布局与配色完全学习手册

同时又具有一定的变化，增强了网站的固定印象和信任度了，如图 4-4 所示。

图4-4 创意的系列原则

4. 简洁原则

设计时要做到简洁原则。

一是要明确主题，抓住重点，不能本末倒置、喧宾夺主。

二是注意修饰得当，要做到含而不露、蓄而不发，以朴素、自然为美，如图 4-5 所示为设计简洁的网站页面。

图4-5 设计简洁的网站页面

4.1.3 创意过程

创意是传达信息的一种特别方式。创意思考的过程分如下五个阶段。

准备期：研究所搜集的资料，根据旧经验，启发新创意。

孵化期：将资料消化，使意识自由发展，任意结合。

启示期：意识发展并结合，产生创意。

验证期：将产生的创意讨论修正。

形成期：设计制作网站页面，将创意具体化。

4.2 创意的方法

在进行创意的过程中，需要设计人员新颖的思维方式。好的创意是在借鉴的基础上，利用已经获取的设计形式，来丰富自己的知识，从而启发创造性的设计思路。下面介绍几种常用的创意方法。

4.2.1 富于联想

联想是艺术形式中最常用的表现手法，在设计页面的过程中通过丰富的联想，能突破时空的界限，扩大艺术形象的容量，加深画面的意境。人具有联想的思维心理活动特征，它来自于人潜意识的本能，也来自于认知和经验的积累。通过联想，人们在页面上看到自己或与自己有关的经验，美感往往显得特别强烈，从而使对象与产品中引发了美感共鸣，其感情的强度总是激烈的、丰富的、合乎审美规律的心理现象。如图 4-6 所示为由大床和台灯联想到商务酒店。

图4-6　富于联想

4.2.2　巧用对比

对比是一种趋向于对立冲突的艺术美中最突出的表现手法。在网站页面设计中，把网站页面中所描绘的产品、性质和特点放在鲜明的对比中来表现，互比互衬，从对比所呈现的差别中，达到集中、简洁、曲折变化的表现。通过这种手法更鲜明地强调或提示产品的特征，给浏览者以深刻的视觉感受。如图 4-7 所示为巧用对比的效果。

图4-7　巧用对比

4.2.3　大胆夸张

夸张是一种求新奇变化，通过虚构把对象的特点和个性中美的方面进行夸大，赋予人们一种新奇与变化的情趣。按其表现的特征，夸张可以分为形态夸张和神情夸张两种类型。通过夸张手法的运用，为网站页面的艺术美注入了浓郁的感情色彩，使页面的特征性鲜明、突出、动人。如图 4-8 所示为大胆、夸张、突出的钻戒页面。

图4-8　大胆夸张

4.2.4　趣味幽默

幽默法是指页面中巧妙地再现喜剧性特征，抓住生活现象中局部性的东西，通过人们的性格、外貌和举止的某些可笑特征表现出来。幽默的表现手法，往往运用饶有风趣的情节，巧妙安排把某种需要肯定的事物，无限延伸到漫画的程度，造成一种充满情趣、引人发笑，而又耐人寻味的幽默意境。幽默的矛盾冲突可以达到出乎意料之外，又在情理之中的艺术效果，勾引起观赏者会心的微笑，以别具一格的方式，发挥艺术感染力的作用，如图 4-9 所示。

图4-9　趣味幽默

4.2.5　善用比喻

　　比喻法是指在设计过程中选择两个各不相同，而在某些方面又有些相似性的事物，"以此物喻彼物"，比喻的事物与主题没有直接的关系，但是某一点上与主题的某些特征有相似之处，因而可以借题发挥，进行延伸转化，获得"婉转曲达"的艺术效果。与其他表现手法相比，比喻手法比较含蓄隐伏，有时难以一目了然，但一旦领会其意，便能给人以意味无尽的感受。如图4-10所示为善用比喻。

图4-10　善用比喻

4.2.6　以小见大

　　以小见大中的"小"，是页面中描写的焦点和视觉兴趣中心，它既是页面创意的浓缩和升华，也是设计者匠心独具的安排，因而它已不是一般意义的"小"，而是小中寓大，以小胜大的高度提炼的产物，是简洁的刻意追求。如图4-11所示中，化妆品所占用的面积比较小，但是却是视觉的中心。

图4-11　以小见大

4.2.7　偶像崇拜

　　在现实生活中，人们心里都有自己崇拜、仰慕或效仿的对象，而且有一种想尽可能向他靠近的心理欲求，从而获得心理上的满足。这种手法正是针对人们的这种心理特点运用的，它抓住人们对名人、偶像仰慕的心理，选择观众心目中崇拜的偶像，配合产品信息传达给观众。由于名人、偶像有很强的心理感召力，故借助名人偶像的陪衬，可以大大提高产品的印象程度与销售地位，树立名牌的可信度，产生不可言喻的说服力，诱发消费者对广告中名人、偶像所赞誉产品的注意激发起购买欲望，如图4-12所示。

图4-12　偶像崇拜

4.2.8　古典传统

　　这类页面设计以传统风格和古旧形式来吸引浏览者。古典传统创意适合应用于以传统艺术和文化为主题的网站中，将我国的书法、绘画、建筑、音乐、戏曲等传统文化中独具的民族风格，融入到页面设计的创意中。如图4-13所示为古典传统的创意风格。

图4-13　古典传统的创意风格

4.2.9　流行时尚

流行时尚的创意手法是通过鲜明的色彩、单纯的形象，以及编排上的节奏感，体现出流行的形式特征。设计者可以利用不同类别的视觉元素，给浏览者强烈、不安定的视觉刺激感和炫目感。这类网站以时尚现代的表现形式吸引年轻浏览者的注意，如图 4-14 所示。

图4-14　流行时尚的创意

4.2.10　设置悬念

在表现手法上故弄玄虚，布下疑阵，使人对网页乍看不解题意，造成一种猜疑和紧张的心理状态，在浏览者的心理上掀起层层波澜，产生夸张的效果，驱动浏览者的好奇心和强烈举动，开启积极的思维联想，引起观众进一步探明广告题意之所在的强烈愿望，然后通过网页标题或正文把网页的主题点明出来，使悬念得以解除，给人留下难忘的心理感受。如图4-15所示的网页设置了悬念。

图4-15　设置悬念

悬念手法有相当高的艺术价值，它首先能加深矛盾冲突，吸引观众的兴趣和注意力，造成一种强烈的感受，产生引人入胜的艺术效果。

4.2.11　突出人物

艺术的感染力最有直接作用的是感情因素，而突出人物是使艺术加强传达感情的特征，在表现手法上侧重选择具有感情倾向的内容，以美好的感情来烘托主题，真实而生动地反映这种审美感情就能获得以情动人、发挥艺术感染人的力量，这是现代网页设计的文学侧重、美的意境和情趣的追求。如图 4-16 所示的网页突出了人物。

图4-16　幼儿园网页突出了卡通人物

4.2.12 神奇梦幻

运用夸张的方法，以无限丰富的想象构建出神话与童话般的画面，在一种奇幻的情景中再现现实，造成与现实生活的某种距离。这种充满浓郁浪漫主义，写意多于写实的表现手法，以突然出现的神奇视觉感受，很富于感染力，给人一种特殊的美感受，可满足人们喜好奇异多变的审美情趣要求。如图 4-17 所示为游戏网站中的神奇梦幻效果。

图4-17 游戏网站中的神奇梦幻效果

4.2.13 综合创意

综合创意是设计中广泛应用的方法，从各个元素的适宜性处理中体现出设计师的创作意图。追求和谐的美感，是指在分析各个构成要素的基础上加以综合，使综合后的界面整体形式表现出创造性的新成果。如图 4-18 所示的网页综合了几种不同的创意。

图4-18 综合创意

4.3 网站页面风格

不同的杂志有截然不同的文化信息、气质和韵味。网站就好像一本杂志，不同的信息类型会产生不同的"气韵"，这种感觉就是风格。风格是指在艺术上独特的格调，或某一时期流行的一种艺术形式。就网站的风格设计而言，它是汇聚了页面视觉元素的统一外观，用于传递企业文化信息。好的网站风格设计不仅能帮助浏览者记住网站，也能帮助网站树立别具一格的形象。

4.3.1 金属风格

前几年网络上十分流行金属风格的网页设计，如图 4-19 所示就是典型的金属风格站点，

这样的站点完全突出了网页个性。

图4-19 金属风格的站点

如果仅注意技术，设计没有新意，这样也无法成就好的作品。在网络上出现了多个金

属风格的站点后，此类站点就没什么特点了。这种体现工业美的金属风格站点很对男性的口味，由于它给人的感觉更多的只是冷漠，没有情感，久而久之喜欢的人就越来越少了。金属风格的网页设计要想更上一层楼，就要摒弃它的缺点，制作要更精细、更精美，这样才能脱颖而出，同时注意加强它的情感表达。

图4-21　面板风格页面

4.3.2　大幅配图

网页的风格主要体现在网页的布局、色彩、图标、动画及网页特效上，一张好的图片胜过千言万语。因为在网络之前，印刷品的图片（分辨率更高）已经有了相当的影响，现在宽带接入使大图片的使用更具可行性。可以看到越来越多的商务网站使用大幅的、给人印象深刻的图片来吸引买家，创造一个身临其境的体验，如图4-20所示。

图4-20　大幅配图页面

4.3.3　面板风格

享誉国际的MP3播放器软件Winamp可以变换软件界面。制作这样的界面，需要设计师具有一定的图形软件制作技巧。如图4-21所示的网站页面就是属此类。

4.3.4　像素风格

众所周知，数字化图形图像文件类型分"矢量图"和"点阵图"两种。其中的点阵图像是由许多"点"组成的，这些"点"称为"像素（pixel）"。只要棱角分明、制作精细的设计风格就是像素风格了。像素风格分类繁多，它的灵感来源于电脑游戏和手机屏保。如图4-22所示是一个儿童游戏娱乐的网站，它就是此类风格的代表作，这种风格又充分地体现了数码感、游戏感和时代感。

图4-22　像素风格页面

4.3.5　三维风格

网页上也有三维设计吗？当然有，而且还很多。浏览中经常遇到一些视觉效果非常好的页面，却很难用平面软件制作而成，此时就可以考虑借助三维软件。三维设计在网络上是无处不见的。如图4-23所示的页面的颜色搭配、场景模型、视觉创意都非常好。

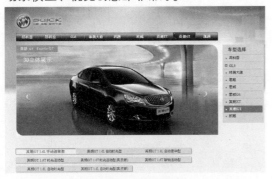

图4-23 三维立体风格

随着宽带网的发展与推广，将来会有更多选择三维模式场景的网页出现。因此，一个好的多媒体设计师至少要了解一些三维设计的基本制作技巧。

4.3.6　书报风格

如图 4-24 所示的网站可以找到杂志和报纸的影子。换句话说，就是活脱的一个网络报纸。这样的设计排版非常有新意，网络上并不多见，突出了它的独创性和唯美的风格。

图4-24 网络报纸

还有一些页面设计，可以从字体排版中找到图书和报纸页面的感觉。它们的页面风格各异，但不难看出，设计信息量大的页面时，可利用文字排版疏密充当辅助线，划分界限，配上有突破性、冲击力的插图，但不要过于突兀。

4.4　网页的创意视觉表现

看了那么多好的网页风格和独特的创意思想后，我们不免有些感叹，怎样才能设计出精美独特的网页作品呢？设计需要创新，创新需要创意，创意需要联想。展开联想，抓住好的思路，沿着思路展开设计；学习一些有关创意设计的理论知识，深入、消化、理解并运用到自己的设计作品中去，精美、独特的网页作品就是这样诞生的。如图4-25所示为精美的创意网页。

图4-25 精美的创意网页

"设计"是一种创造性劳动，它是设计师的思维过程。展开创意思维，是一个从理智到感性的过程。

首先经过同类站点的调查报告，找出行业共性，进而确立网站的特性部分。

其次分析网站内容，从信息类型、信息量和信息本身的需求出发，找出网站的表达方式，例如：信息的结构方式、导航条的数量和形式、首页需要放置哪些信息和它们放置的方式、内层栏目如何布局才更合理等。信息的空间结构在脑海中形成后，便已开始进行视觉美化和网站的包装设计了。

互联网更新迅速，全球共享环境加剧了竞技速度，好的作品不断涌现。多看，关注全球网站的设计动态，鉴赏优秀网站，学习他人作品的设计思想；多练，一定要自己亲自尝试才能进步。同样简单的排版方式，因信息量大小和形式的改变，做的时候就会碰到很多问题。

第2篇
网页设计与配色

第5章 网页色彩搭配基础

本章导读

　　每个人都生活在五光十色的色彩环境中，难以想象没有色彩的世界将是一个什么样子。人们除了享受到自然界的缤纷色彩之外，也正在运用各种色彩美化着生活。本章介绍与网页色彩相关的基础知识，包括什么是色彩的原理、色彩的分类、色彩的三要素和色彩模式，以及色调分析。

技术要点

- 熟悉色彩的原理
- 掌握色彩的分类
- 掌握色彩的三要素和色彩模式
- 掌握色调分析

实例展示

购物网站采用明度大、鲜亮的颜色

游戏网站采用明度低的色彩

纯度高的网页、鲜活明快

较低的纯度网页显得灰暗、朦胧

5.1 色彩的原理

　　自然界中有许多种色彩，如香蕉是黄色的，天是蓝色的，橘子是橙色的……色彩五颜六色，千变万化。色彩源于光，没有光就不会有色彩。我们日常见的光，实际由红、绿、蓝三种波长的光组成，物体经光源照射，吸收和反射不同波长的红、绿、蓝光，经由人的眼睛，传到大脑形成了我们看到的各种颜色，也就是说，物体的颜色就是它们反射的光的颜色。阳光被分解后的七种主要颜色红、橙、黄、绿、青、蓝、紫，如图5-1所示。

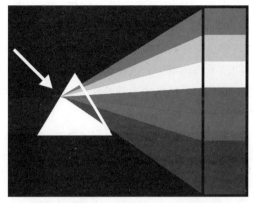

图5-1 阳光被分解后的七种主要颜色

5.2 色彩的分类

　　我们生活在五彩缤纷的世界里，天空、草地、海洋都有它们各自的色彩。你、我、他也有自己的色彩，代表个人特色的衣着、家装、装饰物的色彩，可以充分反映人的性格、爱好、品位。色彩一般分为无彩色和有彩色两大类。

5.2.1 无彩色

　　无彩色是黑色、白色及二者按不同比例混合所得到的深浅各异的灰色系列。无彩色系没有色相和纯度，只有明度变化。色彩的明度可以用黑白来表示，明度越高，越接近白色；越接近黑色，明度越低。在光的色谱上见不到这3种颜色，不包括在可见光谱中，所以称为"无彩色"，如图5-2所示。

黑色　　　　　灰色　　　　　白色

图5-2 无彩色

黑色和白色是最基本和最简单的搭配，白

字黑底或者黑底白字都非常明晰、简明，如图5-3所示的网页采用黑底白字。

图5-3 黑色网页

　　灰色是中性色，可以和任何色彩搭配，也可以帮助两种对立的色彩实现和谐过渡，如图5-4所示为灰色搭配的网页。

图5-4 灰色搭配的网页

5.2.2　有彩色

有彩色是指可见光谱中的红、橙、黄、绿、青、蓝、紫7种基本色及其混合色，即视觉能够感受到的某种单色光特征。我们所看到的就是有彩色系列，这些色彩往往给人以相对的、易变的、抽象的心理感受，如图5-5所示为有彩色。

图5-5　有彩色

有彩色包括6种标准色：红、橙、黄、绿、蓝、紫，如图5-6所示。

● 三原色：三色中的任何一色，都不能用另外两种原色混合产生，而其他色可由这三色按一定的比例混合出来，如图5-7所示为红、绿、蓝三原色。红、绿、蓝是三基色，这三种颜色合成的颜色范围最为广泛。

● 由三原色等量调配而成的颜色，黄色、青色、品红都是由两种及色相混合而成，所以称

它们为"二次色"，也叫"间色"。红色＋绿色＝黄色；绿色＋蓝色＝青色；红色＋蓝色＝品红；红色＋绿色＋蓝色＝白色。

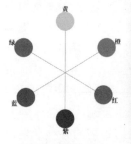

图5-6　6种标准色

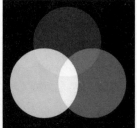

图5-7　三原色

如图5-8所示为有彩色的网页，在网页色彩里，橙色实用于视觉请求较高的时尚网站，属于注视、芬芳的色彩，也常被用于味觉较高的食品网站，是轻易引起食欲的色彩。

图5-8　有彩色网页

5.3　色彩的三要素

明度、色相、纯度是色彩最基本的三要素，也是人正常视觉感知色彩的3个重要因素。

5.3.1　明度

明度表示色彩的明暗程度，色彩的明度包括无彩色的明度和有彩色的明度。在无彩色中，白色明度最高，黑色明度最低，白色和黑色之间是一个从亮到暗的灰色系列；在有彩色中，任何一种纯度色都有着自己的明度特征，如黄色明度最高，紫色明度最低。如图5-9所示为色彩的明度变化。

图5-9　色彩的明度变化

明度高是指色彩较明亮，而明度低就是指色彩较灰暗。没有明度关系的色彩，就会显得

苍白无力，只有加入明暗的变化，才可以展示色彩的视觉冲击力和丰富的层次感。

明度越大，色彩越亮。一些购物、儿童类网站，用的是一些鲜亮的颜色，让人感觉绚丽多姿，生机勃勃。如图5-10所示为购物网站采用明度大、鲜亮的颜色。明度越低，颜色越暗，主要用于一些游戏类网站，充满神秘感；一些个人网站为了体现自身的个性，也可以运用一些暗色调来表达个人的一些孤僻个性等。如图5-11所示为游戏网站采用明度低的色彩。

图5-10　购物网站采用明度大、鲜亮的颜色

图5-11　游戏网站采用明度低的色彩

5.3.2　色相

色相是指色彩的名称，是不同波长的光给人的不同色彩感受，红、橙、黄、绿、蓝、紫等都各自代表一类具体的色相，它们之间的差别属于色相差别。色相是色彩最明显的特征，一般用色相环来表示，如图5-12所示。

色相是一种色彩区别于另一种色彩的最主要因素。最初的基本色相为：红、橙、黄、绿、蓝、紫。在各色中间加上中间色，其头尾色相，按光谱顺序为：红、橙红、黄橙、黄、黄绿、绿、绿蓝、蓝绿、蓝、蓝紫、紫、红紫——12种基本色相。如图5-13所示为12种基本色相。

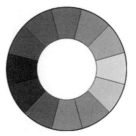

图5-12　色相环　　　图5-13 12种基本色相

这12种色相的色调变化，在光谱色感上是均匀的。如果进一步再找出其中间色，便可以得到24种色相。如果再把光谱的红、橙、黄、绿、蓝、紫诸色圈起来，在红和紫之间插入半幅，构成环形的色相关系，便称为"色相环"。基本色相间取中间色，即得12色相环。再进一步便是24色相环。在色相环的圆圈里，各彩调按不同角度排列，则12色相环每一色相间距为30°。12色相环每一色相间距为15°。

按照色彩在色相环上的位置所成的角度，可分为同种色相、类似色、邻近色、分离补色、对比色、互补色。

5.3.3　纯度

纯度表示色彩的鲜浊或纯净程度，纯度是

表明一种颜色中是否含有白或黑的成分，也称"饱和度"。可见光谱的各种单色光是最纯的颜色，为极限纯度。当一种颜色掺入黑、白、灰或其他彩色时，纯度就产生变化。当掺入的色达到很大比例时，在眼睛看来，原来的颜色将失去本来的光彩，而变成掺和的颜色。当然这并不等于说在这种被掺和的颜色里已经不存在原来的色素，而是由于大量掺入其他色彩而使原来的色素被同化，人的眼睛已经无法察觉出来了。如图 5-14 所示为色彩的纯度变化。

不同的色相不但明度不等，纯度也不相等。纯度体现了色彩内向的品格。同一色相，即使纯度发生了细微的变化，也会立即带来色彩性格的变化。有了纯度的变化，才使世界上有如此丰富的色彩。如图 5-15 所示为纯度高的网页画面，非常鲜活、明快；如图 5-16 所示为较低的纯度，网页显得灰暗、朦胧。

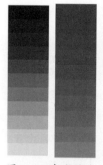

图5-14　色彩的纯度变化

图5-15　纯度高的网页显得鲜活、明快

图5-16　较低的纯度网页显得灰暗、朦胧

5.4　色彩模式

色彩模式主要包括 RGB 模式、CMYK 模式和 Lab 模式等，下面讲述色彩的几种常见模式。

5.4.1　RGB模式

RGB 模式是由红、绿、蓝三种色光构成，主要应用于屏幕显示，因此也被称为"色光三原色"。每一种颜色的光线从 0 到 255 被分成 256 阶，0 表示这种光线没有，255 就是最饱和的状态，由此就形成了 RGB 这种色光模式。黑色是由于三种光线都不亮。三种光线两两相加，又形成了青、品、黄色。光线越强，颜色越亮，最后 RGB 三种光线和在一起就是白色。所以 RGB 模式被称为"加色法"。如图 5-17 所示为 RGB 颜色结构。

5.4.2　CMYK模式

CMYK 模式是由青、品、黄、黑四种颜色的油墨构成的，主要应用于印刷品，因此也被称为"色料模式"。每一种油墨的使用量从 0% 到 100%，由 CMY 三种油墨混合而产生了更多的颜色，两两相加形成的正好是红、绿、蓝三色。由于 CMY 三种油墨在印刷中并不能形成纯正的黑色，因此需要单独的黑色油墨 K，由此形成 CMYK 这种色料模式。油墨量越大，颜色越重、越暗，油墨量越少，颜色越亮。如图 5-18 所示为 CMYK 颜色结构图。

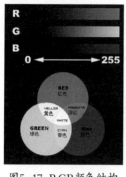

图5-17 RGB颜色结构

图5-18 CMYK颜色结构图

5.4.3 Lab模式

Lab 模式的好处在于它弥补了前面两种色彩模式的不足。RGB 在蓝色与绿色之间的过渡色太多，绿色与红色之间的过渡色又太少，CMYK 模式在编辑处理图片的过程中损失的色彩则更多，而 Lab 模式在这些方面都有所补偿。Lab 模式由三个通道组成，L 通道表示亮度，它控制图片的亮度和对比度；a 通道包括的颜色从深绿（低亮度值）到灰色（中亮度值）到亮红色（高亮度值）；b 通道包括的颜色从亮蓝色（低亮度值）到灰色到焦黄色（高亮度值）。

Lab 模式是与设备无关的，可以用这一模式编辑处理任何一幅图片，Lab 模式可以保证在进行色彩模式转换时 CMYK 范围内的色彩没有损失。如果将 RGB 模式图片转换成 CMYK 模式时，在操作步骤上应加上一个中间步骤，即先转换为 Lab 模式。在非彩色报纸的排版过程中，应用 Lab 模式将图片转换成灰度图是经常用到的。

5.5　色调分析

色调指的是一幅页面中页面色彩的总体倾向，是大的色彩效果。色调是网页色彩外观的基本倾向。在明度、纯度（饱和度）、色相这三个要素中，某种因素起主导作用，我们就称之为某种色调。

5.5.1 纯色调

纯色调是由饱和度最高的原色和间色组成的色调，在"数字色系五级色表"的等腰三角形中，它们处于三角形的水平直角边最外处。纯色调是很纯净的颜色，具有很高的饱和度，其色彩的饱和度在 90%~100% 之间，明度为100。强烈的色相对比意味着年轻、充满活力与朝气。如图 5-19 所示为纯色调的对比搭配的网页。

图5-19 纯色调的对比搭配的网页

5.5.2 中纯调

中纯调色彩的饱和度在 75% 左右，明度为100。它们是相对比较纯净的颜色，具有较高的饱和度，如图 5-20 所示。

图5-20 中纯调色彩搭配的网页

5.5.3 低纯调

低纯调色彩的饱和度在 50％ 左右，明度为 100。它们是相对中等纯净的颜色，色彩的饱和度居中，如图 5-21 所示。

图5-21 低纯调色彩搭配的网页

5.5.4 明灰调

明灰调色彩的饱和度在 33％ 左右，色彩的明度在 75％ 左右。它是淡淡灰灰的颜色，与浅色调很接近，明度较高但饱和度很低，如图 5-22 所示。

图5-22 明灰调色彩搭配的网页

5.5.5 中灰调

中灰调色彩的饱和度在 66％ 左右，色彩的明度在 75％ 左右。是一组中庸的、含灰的、饱和度适中的颜色。如图 5-23 所示为中灰调色彩搭配的网页。

图5-23 中灰调色彩搭配的网页

5.5.6 暗灰调

暗灰调色彩的饱和度在 50％ 左右，色彩的明度在 50％ 左右。它们是黯淡发灰的颜色，色彩的明度和饱和度都很低。因此在实际的色彩应用中，单纯的暗灰调是很少的，它一般都是与其他色调搭配起来使用的。如图 5-24 所示为暗灰调色彩搭配的网页。

图5-24 暗灰调色彩搭配的网页

5.5.7 中暗调

中暗调色彩的饱和度在 80%~100% 左右，明度在 50 左右。它们具有很高的饱和度和中等的明度。如图 5-25 所示为中暗调色彩搭配的网页。

图5-25 中暗调色彩搭配的网页

5.5.8 深暗调

明度低、纯度高、色相不限的配色，可产生浓重暗色调，给人以沉稳庄重感。画面用这种色调时，若在局部以高明度或高纯度的色块予以对比，可增加画面的生气与跳跃感。

深暗调色彩的饱和度在 10%~100% 之间，明度在 25 左右。在明度很低的情况下，其色相的感觉会非常微弱，如果我们用一个饱和度为 40% 的颜色与一个饱和度降为 80% 的颜色比较，用肉眼几乎看不出它们没有多大区别。如图 5-26 所示为深暗调色彩搭配的网页。

图5-26 深暗调色彩搭配的网页

第6章 网页色彩原理与色调基础

本章导读

　　自然界中的色彩五光十色，色彩学把色彩归纳为三原色和三间色，我们可以用这六种色调调和出无穷无尽的色彩。根据配色方法，可以归纳为两类：色彩的对比和色彩的调和。

技术要点

- 掌握色彩的对比
- 掌握色彩的调和

实例展示

冷色系绿色为主的网页

蓝色、橙色
补色对比

邻近色对比的网页

黄色、紫色补色对比

6.1　色彩对比

在一定条件下，不同色彩之间的对比会有不同的效果。很多朋友都以为色彩对比主要是红、蓝、黄色的对比。实际色彩对比范畴不局限于此，是指各种色彩的界面构成中的面积、形状、位置，以及色相、明度、纯度之间的差别，使网页色彩配合增添了许多变化、页面更加丰富多彩。

6.1.1　色相对比

将色相环上的任意两色或三色并置在一起，因色相的差别而形成的色彩对比称为"色相对比"，如图 6-1 所示为色相对比。

图6-1　色相对比

在色相环上，红、黄、蓝是不能由其他颜色混合出来的原色，而三原色之间如按一定的比例混合即可得到色相环上其他全部颜色。红、黄、蓝表现出最强烈的色相特征，是色相对比的极端表现。

当主色相确定后，必须考虑其他色彩与主色相是什么关系，要表现什么内容及效果等，这样才能增强其表现力。不同色相对比取得的效果有所不同，两色越接近，对比效果越柔和。越接近补色，对比效果越强烈。与红、黄、蓝三原色比较，橙、绿、紫三间色之间的色相对比略显柔和。

色彩对比的强弱取决于色彩在色相环上的位置，色彩在色相环上相隔的角度越大，色相对比的效果越强；反之，相隔的角度越小，对比的效果越弱，如图 6-2 所示。

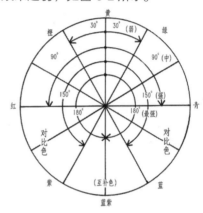

图6-2　色彩对比的强弱

1．同类色相对比

同类色相对比是指相隔距离 15°以内的对比，是最弱的色相对比，如图 6-3 所示。同类色相颜色非常接近，色中的相同因素多，一般看做同类色相的不同明度与纯度的对比。如图 6-4 所示的网页采用了同类色相的对比。同类色相对比效果单纯、雅致，但也容易出现单调、呆板的效果，配色时要拉大明度色阶。

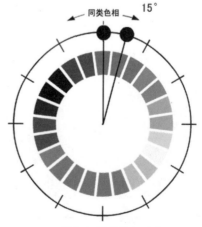

图6-3　同类色相对比

图6-4 同类色相对比的网页

2. 类似色对比

色相环相距15°以上至30°左右的对比，色相差别很小，如图6-5所示。这类对比微弱，统一性极高，比同类色相效果要丰富得多，但易显单调，必须借助明度、纯度对比的变化来弥补色相感之不足。如图6-6所示为类似色对比的网页。

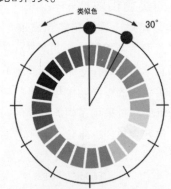

图6-5 类似色对比

图6-6 类似色对比的网页

3. 邻近色对比

邻近色在色相上环相距60°左右，不超过90°，如图6-7所示。邻近色色相差别较明显，对比显著，色相间又含有共同色素，活泼而富有朝气，统一、柔和，同时又具有含蓄耐看的优点，但运用邻近色配色如不注意明度和纯度变化，也容易流于单调。为了改变色相对比不足的弊病，一般需要运用小面积的对比色或比较鲜艳的色作点缀，以增加色彩生气。如图6-8所示为邻近色对比的网页。

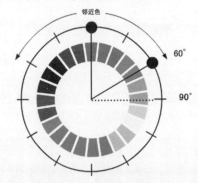

图6-7 邻近色对比

图6-8 邻近色对比的网页

4. 分离补色对比

分离互补色是一种色相与它的补色在色环上的左边或右边的色相进行组合，如图6-9所示为分离补色。分离互补色可由两种或三种颜色构成。进行分离互补色的搭配，可以通过明确处理主色和次色之间的关系达到调和，也可以通过色相有序排列的方式达到和谐的色彩效果。分离互补色的色相差别明显，具有对比明快、活泼、热情、饱满的特色。配色时要注意明度、纯度的变化。如图 6-10 所示为分离补色对比的网页。

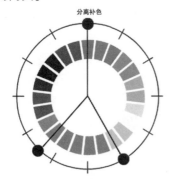

图6-9 分离补色对比

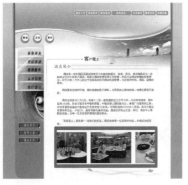

图6-10 分离补色对比的网页

5. 对比色对比

对比色色相环相距 120° 左右，色相差十分明显，对比效果鲜明、强烈，具有饱和、华丽、欢乐、活跃的特点，但过分刺激易使视觉疲劳，处理不当会产生烦躁、不安定之感，配色时要注意纯度变化。如图 6-11 所示为对比色对比。

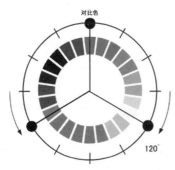

图6-11 对比色对比

原色对比是指红、黄、蓝三原色之间的对比。红、黄、蓝三原色是色环上最极端的 3 种颜色，表现了最强烈的色相气质，它们之间的对比属最强烈的色相对比，令人感受到一种极强烈的色彩冲突，似乎更具精神的特征，如图 6-12 所示为红、黄、蓝三原色之间的对比。红、黄、蓝三种颜色是最极端的色彩，它们之间对比，哪一种颜色也无法影响对方。

图6-12 三原色之间的对比

6. 补色对比

在色环中色相距离在 180° 的对比为"补色对比"，即位于色环直径两端的颜色为"补色"，如图 6-13 所示。将红与绿、黄与蓝、蓝与橙等具有补色关系的色彩彼此并置，使色彩感觉更为鲜明。一对补色在一起，颜色间差别非常大，可以使对方的色彩更加鲜明，视觉效果最强烈、最富刺激性，被称为"强对比"。如图 6-14 所示为互为补色搭配的网页。

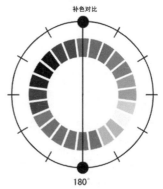

图6-13 补色对比

图6-14 互补色搭配的网页

在运用同种色、邻近色或类似色配色时，如果色调平淡乏味、缺乏生气，那么，恰当地借用补色对比的力量将会使色彩效果得到改善。

黄色在从儿童网站甚至企业网站等都能找到自己的发挥空间，通过结合紫色、蓝色等补色可以得到温暖愉快的积极效果，如图6-15所示。

图6-15 黄色、紫色补色对比

蓝色与橙色明暗对比居中，冷暖对比最强，活跃而生动，如图6-16所示。

图6-16 蓝色、橙色补色对比

如图6-17所示，网页下部由冷色系的绿色组成大的背景，纯度较低，网页顶部主要是大红色组成的图片，形成补色对比效果，使红色更为凸显。补色对比的对立性促使对立双方的色相更加鲜明。

图6-17 红色、绿色补色对比

7. 间色对比

间色又称"二次色"，它是由三原色调配出来的颜色，例如，红＋黄＝橙；黄＋蓝＝绿；红＋蓝＝紫，这些橙、绿、紫便是间色。当然间色不止就这三种，如果两种原色在混合时各自所占分量不同，调和后就能形成较多的间色，色相对比略显柔和，如图6-18所示。

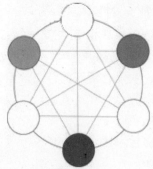

图6-18 间色对比

在网页色彩搭配中间色对比的很多，如图6-19所示的如绿与橙，这样的对比都是活泼、鲜明，具有天然美的配色。间色是由三原色中的两原色调配而成的，因此在视觉刺激的强度相对三原色来说缓和不少，属于较易搭配之色。但仍有很强的视觉冲击力，容易带来轻松、明快、愉悦的气氛。

图6-19 间色对比网页

6.1.2 明度对比

每一种颜色都有自己的明度特征，因色彩明度的差别而形成的对比称为"明度对比"。明度对比在视觉上对色彩层次和空间关系影响较大。例如，柠檬黄明度高，橙色和绿色属中明度，红色与蓝色属中低明度。在明度对比中，可以是同一种色相的明暗对比，也可以是多种色相的明暗对比。如图6-20所示为色彩的明度对比。

图6-20 色彩的明度对比

我们要讲的明度对比，就是将色彩混入黑色或白色，使之产生明暗、深浅不同的效果。先比较一下黑白混合后所产生的不同的明暗视觉效果。根据明度色标，如果将明度分为十级，0级为最高明度，10级为最低明度。明度在0~3级的色彩称为"高明度"，4~6级的色彩称为"中明度"，7~10级的色彩称为"低明度"，如图6-21所示。

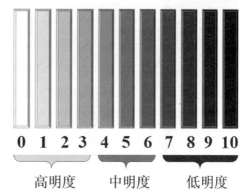

图6-21 明度分类

色彩间明度差别的大小决定着明度对比的强弱。凡是色彩的明度差在3个级数差以内的对比为短调对比；5个级数差以外的对比为长调对比；3~5个级数差之内的为中调对比。

明度对比较强时光感强，形象的清晰程度高、锐利，不容易出现误差，如图6-22所示为明度对比强的网页。明度对比弱时，则显得柔和静寂、柔软、单薄、晦暗、形象不易看清，如图6-23所示。

以色彩应用来说，明度对比的正确与否，是决定配色的光感、明快感、清晰感，以及心理作用的关键。历来的色彩搭配都重视黑、白、灰的训练。因此在配色中，既要重视无彩色的明度对比的研究，更要重视有彩色之间的明度对比的研究，注意检查色彩的明度对比及其效果。

图6-22 明度对比强的网页

图6-23 明度对比弱的网页

6.1.3 纯度对比

将两个或两个以上不同纯度的色彩并置在一起，能够产生色彩的鲜艳或混浊的对比感受，称为"纯度对比"，如图6-24所示。如一个鲜艳的红色与一个含灰的红色并置在一起，能比较出它们在鲜浊上的差异，如图6-25所示。

图6-24 纯度对比

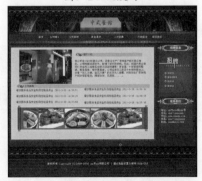

图6-25 纯度对比的网页

色彩纯度可大致分为高纯度、中纯度、低纯度三种，如图6-26所示。未经调和过的原色纯度是最高的，而间色多属中纯度的色彩，复色其本身纯度偏低而属低纯度的色彩范围。

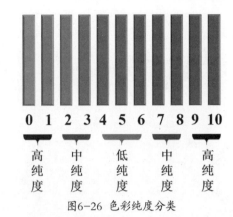

图6-26 色彩纯度分类

纯度对比可以体现在同一色相不同纯度的对比中，也可体现在不同的色相对比中。红色是色彩系列之中纯度最高的，其次是黄、橙、紫等，蓝绿色系纯度偏低。如图6-27所示为纯红与蓝绿相比，红色的鲜艳度更高；纯黄与黄绿相比，黄色的鲜艳度更高。如图6-28所示的网页就采用了不同色相的纯度对比。

图6-27 红色的鲜艳度更高

图6-28 不同色相的纯度对比网页

强化对比程度时，常采用面积较大的低纯度与面积较小的高纯度对比，色彩鲜明而不过于热烈，如图6-29所示。

网页布局与配色完全学习手册

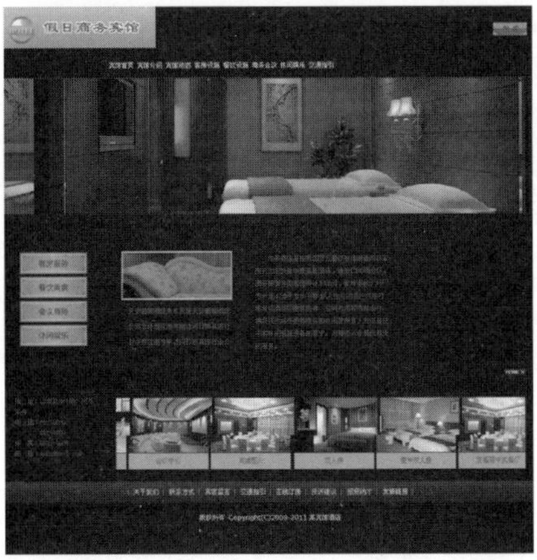

网页设计与配色

图6-29 面积较大的低纯度与面积较小的高纯度对比

任何一种鲜明的色,只要它的纯度稍稍降低,就会表现出不同的品格。以黄色的纯度变化为例,纯黄是极其夺目的、强有力的色彩,但只要稍稍掺入一点灰色,立即就会失去耀眼的光辉,如图6-30所示。

图6-30 黄色掺入一点灰色

纯度的变化也会引起色相性质的偏离。如图6-31所示为黄色里混入更多的灰色,它就会明显地变化,变得极其柔和,失去光辉。黑色混入黄色,立即使这灿烂的颜色变为一种非常混浊的灰黄绿色。

图6-31 黄色里混入更多的灰色

任何一个色彩加白、加黑都会降低它的纯度,但加白色相的面貌仍较清晰,也很透明,加黑色容易改变其原来的色相,如图6-32所示。紫色、红色与蓝色,在混入不同量的白色之后,会得到较多层次的淡紫色、粉红色和淡蓝色,这些颜色虽经淡化,但色相的面貌仍较清晰,也很透明,但黑色却可以把饱和的暗紫色与暗蓝色迅速地吞没掉。

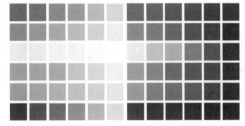

图6-32 色彩加白、加黑会降低它的纯度

一个纯色加入其他任何有彩色,会使其本身的纯度、明度、色相同时发生变化。同时,混入的有彩色自身面貌特征也会发生变化。

6.1.4 色彩的面积对比

面积对比是指页面中各种色彩在面积上多与少、大与小的差别,影响到页面主次关系。一个色彩的强度与面积因素关系很大,同一组色,面积大小不同,给人的感觉不同。面积的对比,可以是中高低明度差的面积变化及中高低纯度差的面积变化。如图6-33所示的色彩的面积对比,不同的面积比使色彩显示出不同的强度,产生不同的色彩对比效果。

图6-33 色彩的面积对比

色彩之间色相的差别、明度、纯度的对比都建立在一定面积的基础上。当两种颜色以相等的面积比例出现时，这两种颜色就会产生强烈的冲突，色彩对比自然强烈，如图6-34所示。

图6-34 相等的面积对比

对比双方的属性不变，一方增大面积，取得面积优势，而另一方缩小面积，将会削弱色彩的对比。当一种颜色在整个页面中占据主要位置时，则另一种颜色只能成为陪衬，此时，色彩对比效果最弱，如图6-35所示。

图6-35 面积不等对比

同种色彩，面积小对视觉刺激和心理影响微弱，面积大则色彩强度高，对视觉和心理的刺激也大。大面积的红色会使人难以忍受，大面积的黑色会使人沉闷、恐怖，大面积的白色会使人空虚。

根据设计主题的需要，在页面的面积上以一方为主色，其他的颜色为次色，使页面的主次关系更突出，在统一的同时富有变化。

如图6-36所示，在网页中使用了大面积的主色调橙色，通过适当面积的青色加入协调和平衡了视觉的作用，主体物的红纹样图片有醒目作用，缩小面积而却又能突出于视觉中心点。

图6-36 色彩的面积对比的网页

色彩对比与位置的关系，如图6-37所示。

❶对比双方的色彩距离越近，对比效果越强，反之越弱。

❷双方互相呈接触、切入状态时，对比效果更强。

❸一色包围另一色时，对比的效果最强。

❹在网页中，一般是将重点色彩设置在视觉中心部位，最易引人注目。

图6-37 色彩对比与位置关系

6.1.5 色彩的冷暖对比

色彩分为冷、暖两大色系，以红、橙、黄为暖色体系，紫、绿、蓝则代表冷色系，两者基本上互为补色关系。如图6-38所示，从色相环中可以清楚地看到两部分的冷暖分化。

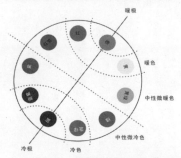

图6-38 冷色和暖色对比

冷暖对比是指不同色彩之间的冷暖差别形成的对比。冷暖本来是人体皮肤对外界温度高低的触觉。太阳、炉火、烧红的铁块，本身温度很高，它们射出的红橙色有导热的功能，将使周围的空气、水和别的物体温度升高，人的皮肤被它们射出的光照所及，也能感觉到温暖。大海、雪地等环境，是蓝色光照最多的地方，蓝色光会导热，而大海、雪地有吸热的功能，因而这些地方的温度比较低，人们在这些地方会觉得冷。这些生活印象的积累，使人的视觉、触觉及心理活动之间具有一种特殊的、常常是下意识的联系。

色彩的冷暖对比是色彩处理中最基本的手法，同时色彩冷暖关系走向的运用，可以很轻松地帮助我们处理好网页上的各种关系。

❶运用冷暖色的对比可以较好地处理色彩的主从关系，即页面主要表现部分可加强色彩的冷暖对比，次要部分和衬托部分的色彩对比可适度减弱，如图6-39所示。

图6-39 主要部分加强色彩的冷暖对比

❷运用冷暖色对比可以很好地表现色彩的光感和空间深度，使页面空间拉开，使色彩的冷暖对比有度，色彩空间层次分明，如图6-40所示。

图6-40 冷暖色对比表现色彩的空间深度

❸以色彩心理学的角度来说，还有一组色彩的冷暖概念，那就是白冷黑暖的概念。因此，在色立体上接近白的色块会有冷的印象，接近黑的色块则有暖的印象。一般的色彩混入白色会倾向冷，而加入黑色会倾向暖，如图6-41所示。

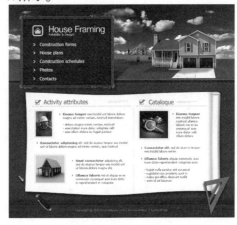

图6-41 加入黑色倾向暖

❹冷色系的亮度越高，其特性越明显。单纯冷色系搭配视觉感比暖色系舒适，不易造成视觉疲劳。蓝色、绿色是典型的冷色系，是设计中较常用的颜色，也是大自然之色，带来一股清新、祥和安宁的空气，如图6-42所示为冷色系绿色为主的网页。

图6-42 冷色系绿色为主的网页

6.2 色彩的调和

色彩的对比可以给人强烈的视觉冲击力，这是一种美，但有的时候需要一种协调、统一的柔和美的效果，就需要用到色彩的调和。色彩的调和是指几种色彩相互之间构成的较为和谐的色彩关系，也就是指页面中色彩的秩序和量比关系。色彩调和的目的是求得视觉统一，是整体页面呈现稳定、协调的感觉，达到人们心理平衡的重要手段。

6.2.1 色彩调和的原则

只有适当对比的色彩组合，才是真正意义上的色彩调和，才能产生和谐统一的色彩美感，有对比的和谐统一才是调和。

1. 不强烈的色彩容易调和

从色相对比中，我们可以清楚地认识到，具有对比关系的色彩，尤其是互补色是对比最为强烈的色彩，它们之间缺乏和谐感，长时间注视此类色彩，会使人的情绪烦躁不安。与此相反，绿色、紫色、无彩色中的灰色等，不强不弱，看上去感觉却要舒适得多，如图6-43所示。中性的、统一的、近似的色彩是调和的。稍有对比又互相接近的色彩组合也易取得调和效果。

图6-43 不强烈的色彩容易调和

2. 按秩序变化的色彩容易调和

秩序调和是把不同明度、色相、饱和度的色彩组织起来，形成渐变的、有条理的、有韵律的页面效果。使原本强烈对比、刺激的色彩关系因此而变得调和，使本来杂乱无章、自由散漫的色彩由此而变得有条理、有秩序，从而达到统一、调和的效果。如图6-44所示，按秩序变化的色彩容易调和。

图6-44 按秩序变化的色彩容易调和

3. 色彩与表现一致时容易调和

色彩是进行艺术表现的要素之一，因此，在网页色彩搭配中要求色彩与表现内容要有一致性。如图6-45所示，页面色彩的搭配与内容一致时色彩就容易和谐，白色的婚纱与低饱和度的背景环境搭配，表现出婚姻温馨、浪漫的感觉。

图6-45 页面色彩的搭配与内容一致

4. 感受上互相补充的色彩容易调和

在一般情况下，人们大都认为过分刺激的色彩是不调和的，但是对于追求感官刺激的人来讲，却正能引起其心理共鸣而使其感到调和，得到平衡。近似的色彩是调和的，而非近似的互补色彩，在人们具有某种心理需求时也会使人感到调和。

6.2.2 色彩调和的基本方法

1. 加强法

如果页面中的形象太模糊，对比太弱，给人以暧昧印象时，可通过增强各色间的明度对比，使其关系明晰和醒目起来，达到有对比的调和效果。假如色相对比过分强烈而须达到调和时，可以通过加强明度或彩度的调节作用来实现，如图 6-46 所示。

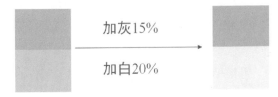

图6-46 加强法

2. 序列法

有秩序的色彩容易调和。若有两色对比强烈，可采用等色阶过渡的办法，在两色之间插入一些色阶，使相互对比的色彩有序过渡一下，即可达到调和目的，如图 6-47 所示。

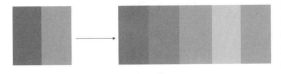

图6-47 序列法

3. 反复法

一组色彩彩度较高或互为补色时，将这组色彩多次重复，页面会有秩序缓和下来，达到调和的效果，如图 6-48 所示。

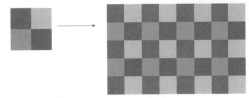

图6-48 反复法

4. 透叠法

通过实验与想象，将两种对比强烈的色应该产生的间色调配出来，此色中包含原有两色的属性因素，达到调和效果，如图 6-49 所示。

图6-49 透叠法

5. 隔离法

用第三色将两对比强烈的色隔离开，第三色常用黑、白、灰、绿、紫、金、银等中性色，如图 6-50 所示。

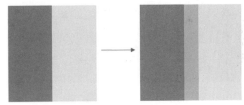

图6-50 隔离法

6. 形态调整法

调整色彩的形态可以改变色彩的对比度，达到色彩调和的目的。例如，有相同面积的两块色彩，把其中一块的面积缩小，或者增大两块色彩间的距离，或者将聚集的形态改变为分散形态，或者将块面性质的形态改变为点、线、小块面等都可以削弱色彩间的对比度，起到调和作用，如图 6-51 所示。

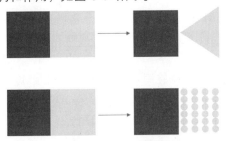

图6-51 形态调整法

6.3 色彩调和的类型

色彩调和是一种有差别的、对比的色彩，为了构成和谐而统一的整体所进行的调整与组合的过程，下面就介绍色彩调和的类型。

6.3.1 同类色调和

同类色调和既可以是相同色相的同种色调和，也可以是类似色相的类似色调和。例如，如图 6-52 所示的深红色、红色和浅红色的调和属于同种色调和；如图 6-53 所示为属于类似色调和。

图6-52 同种色调和

图6-53 类似色调和

同种色的调和给人的感觉相当协调，这些色彩通常控制在同一个色相里，通过明度的对比或纯度的不同来区别色彩之间的差别，产生一种和谐的韵律美。这种调和方法容易统一色调，也容易产生过于平淡的感受，如果有这种

倾向可以加入小面积的其他颜色作点缀。同种色调和是最稳妥的配色方案，色彩搭配合理，可以产生极其和谐统一的页面。如图 6-54 所示的页面中使用了同种色的黄色系，淡黄、柠檬黄、中黄，通过明度、纯度的微妙变化产生缓和的节奏美感。

图6-54 同种色的黄色系搭配

推荐的调和方法如下。

❶加入同一种色彩。

❷小面积，用高纯度的色彩。

❸大面积，用低纯度的色彩，容易获得视觉上的色彩平衡。

6.3.2 渐变色调和

渐变色调和是一种很有效的调和手法，两个或两个以上的颜色不调和时，在其中间插入阶梯变化的几个颜色就很容易产生调和的感觉，渐变色有柔和视觉的作用，能创造出一种空间感。色彩渐变就像两种颜色间的混色，可以有规律地在多种颜色中进行，如图 6-55 所示为渐变色调和。

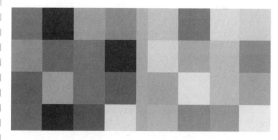

图6-55 渐变色调和

6.3.3 对比调和

调和是我们寻求视觉美感的一种手段，是寻求一种恰到好处的视觉美感过程，没有对比就没有刺激神经兴奋的因素，但只有兴奋而没有舒适的休息会造成过分的疲劳、紧张。所以我们要综合考虑，色彩的对比是绝对的，调和是相对的。我们的最终目的是创造一种对比，调和只是一种手段。

调和的方法如下。

❶ 提高或降低对比色的纯度。

❷ 在对比色之间插入分割色（金、银、黑、白、灰等）。

❸ 采用双方面积大小不同的处理方法。

❹ 对比色之间加入相近的类似色。

6.3.4 同一调和

对比强烈的两种或以上色彩因差别大而不调和时，增加或改变同一因素，赋予同质要素，降低色彩对比，这种选择统一性很强的色彩组合，削弱对比取得色彩调和的方法，即同一调和。增加同一因素越多，调和感越强。

同一调和使色彩调和的范围从同类色、近似色扩展到包括互补色在内的所有色彩，同一调和法的运用，使互不相容的对比色彩有可能协调到一起。

同一调和包括：单性同一调和与双性同一

调和。所谓"单性同一调和"，就是同一色彩三要素明度、纯度或色相中之一，而变化另两个要素；"双性同一调和"指同一三要素明度、纯度或色相中的两个要素，而变化另一个要素。

1. 单性同一调和

● 同一色相调和，色相不变，变化明度与纯度，如图6-56所示。

图6-56 同一色相调和

● 同一明度调和，明度不变，变化纯度与色相，如图6-57所示。

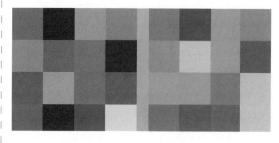

图6-57 同一明度调和

● 同一纯度调和，纯度不变，变化明度与色相，如图6-58所示。

图6-58 同一纯度调和

2. 双性同一调和

● 变化明度，仅改变明度，纯度和色相不变，如图6-59所示。

图6-59 变化明度

● 变化纯度，仅改变纯度，明度和色相不变，如图6-60所示。

图6-60 变化纯度

● 变化色相，仅改变色相，明度和纯度不变，如图6-61所示。

图6-61 变化色相

6.3.5 面积调和

在色彩实践中，我们常常会发现这样的情况，面对一大片红色时，视觉上往往会感觉太刺激，而面对一小块红色时就会觉得很舒服，鲜艳而美丽。这里就包含了色彩调和与面积多少的关系。通过增减对立色各自占有的面积，造成一方的较大优势，以它为主色调来控制页面，达成调和。如图6-62所示为面积调和。

图6-62 色彩的面积调和

实践证明，面积的调和与色彩三要素没有直接关系，它在不改变色彩三要素的情况下，也可以通过面积的增大或减小，从而达到视觉上色彩的加强、减弱和调和的作用。因此，面积的调和是任何色彩配色都必须考虑的问题，如同色彩的三属性一样重要。配色中较强的色要缩小面积，较弱的色要扩大面积。如图6-63所示为色彩面积的调和。

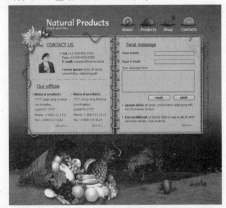

图6-63 色彩面积的调和

★指点迷津:★

● 在同纯度情况下，大面积处主导地位，小面积处诱导地位。

● 大面积灰色，其小面积纯色处主导地位，因为灰色无色相。

● 面积等量时，其色相应向同类色靠拢。

● 面积等量时，其纯度差应加大。

● 采用补色时，应用一间色来缓解其冲突，或降低其中一色的纯度，使其处于被诱导的地位。

第7章 网页配色方法与技巧

本章导读

在网页设计中，色彩搭配是树立网站形象的关键，色彩处理得好可以使网页锦上添花，达到事半功倍的效果。色彩搭配一定要合理，给人一种和谐、愉快的感觉，避免采用容易造成视觉疲劳的纯度很高的单一色彩。在设计网页色彩时应该了解一些搭配技巧，以便更好地使用色彩。

技术要点

- 掌握网页安全配色
- 掌握网页配色技巧
- 掌握使用配色软件

实例展示

相邻色搭配的网页

蓝色背景的网页

背景与文字颜色搭配合理

黑色背景的网页

7.1　网页配色安全

有时虽然使用了合理且美观的网页配色方案，即使是一样的颜色，也会由于浏览者的显示设备、操作系统、显示卡，以及浏览器的不同有不尽相同的显示效果。为此，对于一个网页设计来说，了解并且利用网页安全色可以拟定出更安全、更出色的网页配色方案，通过使用216网页安全色彩进行网页配色，不仅可以避免色彩失真，而且可以使配色方案很好地为网站服务。

7.1.1　216网页安全色

216网页安全色是指在不同硬件环境、不同操作系统、不同浏览器中都能够正常显示的颜色集合（调色板）。也就是说这些颜色在任何终端浏览用户显示设备上的显示效果都是相同的，所以使用216网页安全色进行网页配色可以避免原有的颜色失真问题。

网页安全色是当红色（Red）、绿色（Green）、蓝色（Blue）颜色数字信号值为0、51、102、153、204、255（十六进制为00、33、66、99、CC或FF）时构成的颜色组合，它一共有6×6×6=216种颜色。网页安全色调色板，如图7-1所示。我们可以看到很多站点利用其他非网页安全色做到了新颖独特的设计风格，所以并不需要刻意地追求使用局限在216网页安全色范围内的颜色，而是应该更好地搭配使用安全色和非安全色。

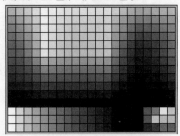

图7-1　网页安全色调色板

7.1.2　网页安全色配色辞典

216网页安全色对于一个网页设计师来说是必备的常识，且利用它可以拟定出更安全、更出色的网页配色方案。只要在网页中使用216网页安全颜色，就可以控制网页的色彩显示效果。网页安全色配色色标，如图7-2所示。

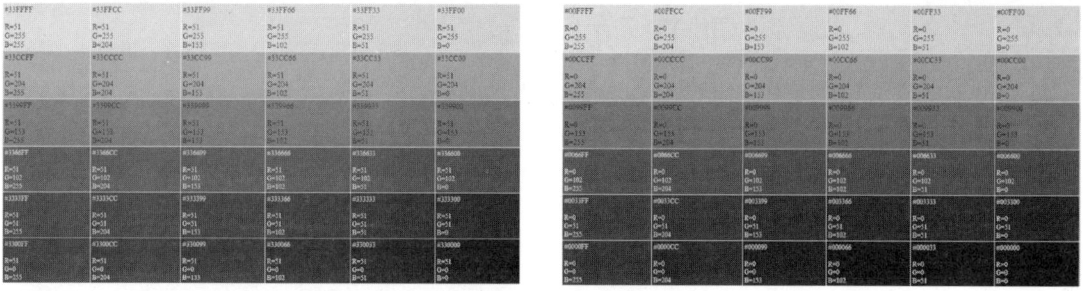

图7-2 网页安全色配色色标

7.1.3 使用各种不同的安全色调色板

设计师在使用 216 网页安全颜色时不需要刻意记忆。很多常用网页制作软件已经预置了 216 网页安全色彩调色板。为什么会有多种不同的 216 网页安全色调色板呢？这是为了便于不同习惯的设计师利用自己喜欢的方式选择颜色。

1. 浏览器安全调色板

浏览器安全调色板是由最先对 216 网页安全色进行分析的 Lynda Weinman 开发的。浏览器安全调色板最大的特点是可以让用户直观对比观察 216 种颜色间的亮度和彩度差异，且排列颜色时使用的自然渐变式排列方法，使用户能够更方便地选择需要的目标颜色。浏览器安全调色板，如图 7-3 所示。

2. 216 种颜色的站长调色板

由 Visibone Color Lab 开发的 216 种颜色的站长调色板，在一个画面中合理、协调地显示出了 216 网页安全色间的相互关系。216 种颜色的站长调色板，如图 7-4 所示。

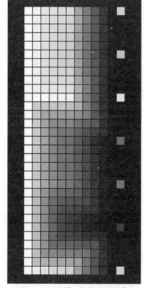

图7-3 浏览器安全调色板

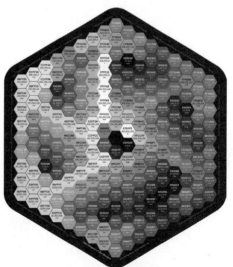

图7-4 216种颜色的站长调色板

7.2 网页配色技巧

网页配色很重要，网页颜色搭配的好坏与否直接会影响到访问者的情绪。好的色彩搭配会给访问者带来很强的视觉冲击力，不好的色彩搭配则会让访问者浮躁不安。下面就来讲述网页色彩搭配的技巧。

7.2.1 背景与文字颜色搭配

文字内容和网页的背景色对比要突出，底色深，文字的颜色就要浅，以深色的背景衬托浅色的内容（文字或图片）；反之，底色淡，文字的颜色就要深些，以浅色的背景衬托深色的内容（文字或图片），如图7-5所示。

图7-5 背景与文字颜色搭配合理

网页背景与文字适合的搭配色，如图7-6所示。

图7-6 网页背景与文字适合的搭配色

★白色背景：★

采用纯黑色的字效果最好。

采用蓝色的字效果也很好。

采用红色的字效果也不错。

采用浅黄色的字效果较差。

采用浅灰色的字效果也差。

采用绿色的字效果也较差。

如图7-7所示白色背景的网页，黑色的文字效果就比较好，灰色的文字不是很好。

图7-7 白色背景的网页

★蓝色背景：★

采用纯白色的字效果最好。

采用橘黄色的字效果也好。

采用浅黄色的字效果也好。

采用暗红色的字效果较差。

采用黑色的字效果也较差。

采用紫色的字效果也不好。

如图7-8所示，蓝色背景的网页，白色的文字效果就比较好，黑色或灰色的文字不是很好。

图7-10 同种色彩搭配

7.2.3 两色搭配是用色的基础

色彩搭配就是色彩之间的相互衬托和相互作用，两色搭配是用色的基础。那么，怎样选择两色搭配呢？

1. 选择相邻两色搭配

如图7-11所示，相邻的两种色，相邻色的配色技巧如下。

● 一种颜色纯度比较高的时候，另一种颜色选择纯度低或明度低的。当调节了颜色相互作用的力量，色彩之间有主次关系搭配效果自然就和谐了。如图7-12所示为相邻色搭配的网页。

● 可以将选定的同一色相，仅仅调整它的明度或纯度值，得到另一色彩后，将两者搭配。

★黑色背景:★

采用纯白色的字效果最好。

采用橘黄色的字效果也好。

采用浅黄色的字效果也好。

采用蓝颜色的字效果较差。

采用暗红色的字效果较差。

采用紫色的字效果也较差。

如图7-9所示，黑色背景的网页，文字采用浅黄色，效果比较好。

图7-9 黑色背景的网页

7.2.2 使用一种色彩

同种色彩搭配是指首先选定一种色彩，然后调整透明度或饱和度，将色彩变淡或加深，产生新的色彩。这样的页面看起来色彩统一，有层次感，如图7-10所示。

图7-11 相邻的两种色

网页布局与配色完全学习手册

图7-12 相邻色搭配的网页

2. 选择对比色搭配

如图 7-13 所示，对比色搭配的网页中，面积要有区别，可适当调整其中一种颜色的明度或饱和度，如图 7-14 所示为对比色搭配的网页。

图7-13 对比色

图7-14 对比色搭配的网页

7.2.4　色彩的数量

一般初学者在设计网页时往往使用多种颜色，使网页变得很"花"，缺乏统一和协调，表面上看起来很花哨，但缺乏内在的美感。事实上，网站用色并不是越多越好，一般控制在三种色彩以内，通过调整色彩的各种属性来产生变化。只要控制在不超出三种色相的范围即可，设计用色是越少越好，少而精，如图 7-15 所示。

图7-15 色彩的数量不超过三种

7.3　使用配色软件

配色是网页设计的关键之一，精心挑选的颜色组合可以帮助你让设计更有吸引力，相反的，糟糕的配色会伤害眼睛，妨碍读者对网页内容和图片的理解。然而，很多时候设计师不知道如何选择颜色搭配，如今有很多的配色工具帮助你挑选颜色。

7.3.1 ColorKey Xp

ColorKey 是由 Blueidea.com 软件开发工作组测试发行的一款具人性化、科学化的交互式配色辅助工具。ColorKey 可以使你的色彩工作变得更轻松和更有乐趣，让配色方案得以延伸和扩展，使作品更加丰富和绚丽，如图 7-16 所示。

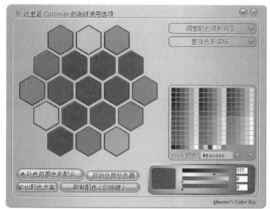

图7-16 ColorKey Xp

7.3.2 Color Scheme Designer

Color Scheme Designer 是一款互动的在线配色工具，通过拖曳色轮来选择色调，可导出十六进制的颜色代码为 HTML、XML 和文本文件。

如图 7-17 所示，单色搭配方案，在左侧的色环上选择颜色后，在右侧显示相应的搭配色。

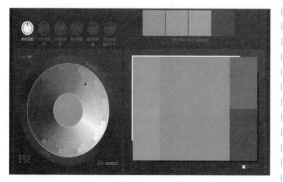

图7-17 单色搭配方案

单击左上角的"互补色搭配"按钮，右侧显示相应的互补色配色方案，如图 7-18 所示。

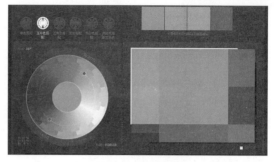

图7-18 互补色搭配

单击左上角的"类似色搭配"按钮，右侧显示相应的类似色搭配方案，如图 7-19 所示。

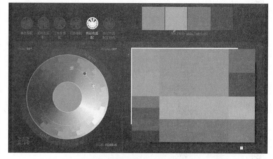

图7-19 类似色搭配

单击左上角的"类似色搭配互补色"按钮，右侧显示相应的类似色搭配互补色方案，如图 7-20 所示。

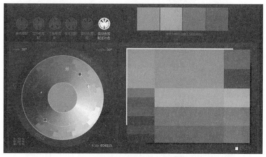

图7-20 类似色搭配互补色

7.3.3 Check My Colours

Check My Colours 是一个在线网页色彩对比分析的工具类网站——http://www.checkmycolours.com/。它可以在线分析网页中所有前景、背景与文字的色彩对比。分析后还会对每组对比进行评分，根据建议对背景颜色或文字进行适当调整，以达到满意的最佳效果，如图 7-21 所示。

图7-21 Checkmycolours网站

虽然听起来该分析过程很专业。但其对比过程的确简单、方便、易上手，直接进入网站后，在文本框中输入网址，确认后单击右侧的 Check 按钮即可。分析对比结果会直接显示在下方，如图 7-22 所示。在这个报告中，会列出所有有问题的元素，同时可以允许我们在线修改颜色来找出最佳搭配。用户还可以单击每组对比来进行适当调整。

图7-22 分析报告

7.3.4　ColorJack

ColorJack 是一款在线配色工具，从球形的取色器中选择颜色。ColorJack 会显示一个色表，将鼠标指针放在某个颜色上，会显示基于该颜色的配色主题，如图 7-23 所示。可以将生成的配色方案输出到 Illustrator、Photoshop 或 ColorJack Studio。

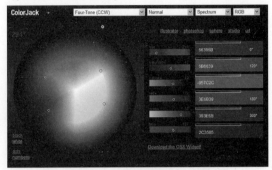

图7-23 ColorJack配色工具

7.3.5　Color Schemer Online v2

Color Schemer Online v2 是一款在线配色工具，帮助选择网站的配色方案，如图 7-24 所示。

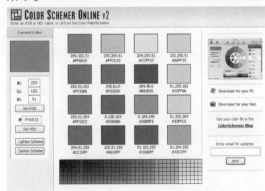

图7-24 Color Schemer Online v2

第8章 网页配色中主色、辅色及点缀色的作用

本章导读

色彩是人们对于网页的第一感官，对人的视觉冲击力非常强。好的色彩搭配可以给人美的享受，而不好的色彩搭配则会让人很不舒服。对于网页设计，在配色上下狠功夫是免不了的，而网页搭配的第一步就是色彩搭配。那么，怎么运用好主色、辅助色和点缀色，让网页看起来有层次、更协调呢？

技术要点

● 主色的运用

● 辅助色的运用

● 点缀色的应用

实例展示

点缀色能让页面放光彩　　选择同类色作为辅助色　　大段文字内容通常用背景　　　灰色是辅助色
　　　　　　　　　　　　　　　　　　　　　　　　　　色块来区分

8.1　主色的魅力

主色是指色彩搭配面积最大的颜色。在一个页面中占主要面积的色彩当之无愧成为主角，只是根据不同明度、纯度的差异，人们的阅读心理也有差异。

8.1.1　主色可以决定整个作品风格

主色决定了网页的整体风格，其他的色彩如辅助色和点缀色，都将围绕主色进行选择。只有辅助色和点缀色能够与主色协调时，网页看起来才会舒服、漂亮。主色可以决定整个作品风格，确保正确传达信息，如图 8-1 所示。

图8-1　主色

8.1.2　主色的面积原理

基调相同的两种颜色组合，面积就可以起决定性作用，哪个面积大哪个就是主色，如图 8-2 所示。在如图 8-3 所示的网页中，淡黄色面积大，淡黄色就是主色，淡黄色起着决定的作用。

图8-2　基调相同的颜色，面积起决定性作用　　　　图8-3　面积起决定作用

如图 8-4 所示，纯度高的红色与明度高的蓝色组合，当色彩面积相同时，纯度高红色的颜色给人感觉强烈一些。在如图 8-5 所示的设计中，红色与蓝色面积相当，但红色给人更强的感觉。

图8-4　纯度高的颜色给人感觉强烈一些　　　　图8-5　红色给人更强的感觉

如图 8-6 所示，当蓝色面积较大时，蓝色为主色，蓝色成为主色时不稳定，容易被纯度高的颜色夺走。如图 8-7 所示，蓝色虽然面积较大，为主色，但容易被纯度高的红色夺走。

图8-6 蓝色成为主色时不稳定

图8-7 主色易被纯度高的夺走

如图 8-8 所示，当红色面积较大时，红色为主色。纯度高的颜色成为主色，画面十分稳定，蓝色为辅助色。在如图 8-9 所示的作品中，红色为主色，蓝色和绿色为辅助色。

图8-8 纯度高的颜色成为主色，画面十分稳定

图8-9 红色为主色比较稳定

当页面中有特别吸引人的视觉中心时，视觉中心所呈现的颜色会成为主色，如图 8-10 所示。

图8-10 视觉中心所呈现的颜色会成为主色

8.1.3 区别主色的关键

十分抢眼的颜色，有可能是主色，也有可能是点缀色。区别的重点在于，谁在第一时间进入你的视野，影响你对整个作品的感官和印象。点缀色通常是面积较小的部分，为了方便阅读提醒注意而出现的，如图 8-11 所示。

图8-11 区别主色的关键

同一颜色可以充当多种角色，大段文字内容，通常用背景色块来区分，如图 8-12 所示。

图8-12 大段文字内容，通常用背景色块来区分

8.2 辅助色的秘密

辅助色是指色彩搭配面积小于主色大于点缀色的部分。

8.2.1 辅助色的功能

辅助色的功能在于帮助主色建立更完整的形象，如果一种颜色和形式完美结合，辅助色就不是必须存在的。判断辅助色用得好不好的标准在于，去掉它，页面不完整；有了它，主色更显优势。如图 8-13 所示，这个页面中红色是主色，粉红色是辅助色，这样的搭配更加突出了生日喜庆的气氛。

图8-14 灰色是辅助色

辅助色使页面丰富多彩，使主色更漂亮，辅助色可以是一种颜色，也可以是几种颜色，如图 8-15 所示。

图8-13 辅助色

在这个页面中灰色是辅助色，没有灰色，页面就会显得很单调，有了灰色，页面丰富许多，也柔和许多，如图 8-14 所示。

图8-15 辅助色可以是几种颜色

8.2.2 背景色是特殊的辅助色

如图 8-16 所示，淡黄色的背景色可以使这个页面更有特色。红色作为主色，用绿色、蓝色点缀一下，页面显得比较丰富。

图8-16 淡黄色的背景色作为辅助色

如图 8-17 所示的网页去掉背景色，页面就没有个性了，背景色作为一种辅助手段，会第一时间进入视野，影响视觉情感，但辅助色不是主角。

图8-17 去掉背景色页面就没有个性了

8.2.3 选择辅助色的诀窍

那么，怎样选择合适的辅助色呢？有下面两个不同的方法。

❶ 选择同类色，容易使页面统一，整体协调。如图 8-18 所示，同类色使页面显得更加柔和。在酒店网站中，有许多展示图片，选择辅助色时可以从图片中提取颜色，在这个页面中就从图片中提取了橙色作为辅助色。

图8-18 选择同类色作为辅助色

❷ 选择对比色，使页面更突出、更活泼。如图 8-19 所示，蓝色与橙色对比使页面视觉更强烈。

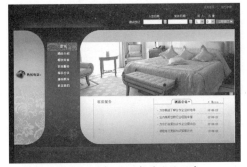

图8-19 选择对比色作为辅助色

8.3 点缀色的应用

点缀色是指面积虽小，但起到点缀作用的颜色。点缀色的功能通常体现在细节上，在网页上是比较分散的，且面积比较小，起到修饰点缀的作用。如图 8-20 所示，网页中的点缀色出现次数较多，颜色非常跳跃，与其他颜色反差大。

图8-20 点缀色出现次数较多

8.3.1　点缀色也会影响页面风格

　　点缀色可以是一种颜色，也可以是多个颜色。虽然点缀色的面积比较小，但是当点缀色越来越多时，也能影响整个页面的风格。如图8-21所示的网页中主色为蓝色，点缀色很多，丰富多彩，影响到了页面的风格。

图8-21　点缀色影响到了页面的风格

8.3.2　点缀色能让页面放光彩

　　从设计创意的角度来看，色彩的魅力可以感染到方方面面。如图8-22所示的网页设计，完全是依靠点缀色营造风格，展示的女包采用靓丽的不同色彩点缀，一个简单的网页立刻就绽放光彩了。

图8-22　点缀色能让页面放光彩

第9章 网页设计配色搭配方案剖析

本章导读

　　色彩本身不存在美丑,各种色都有固有的美。配色时以色与色之间的关系,来体现它的美感。在网页中,色彩搭配是否协调巧妙,对于一个页面的效果起着决定性作用。本章就介绍基本的色彩搭配。

技术要点

- 配色色标
- 常见配色方案

实例展示

古典色彩搭配

神秘性的黑紫色网页

网页的色彩搭配比较高雅

流行绿色配色

9.1 配色色标

无论是平面设计，还是网页设计，色彩永远是最重要的一环。下面按色彩性格进行归类编号，方便配色时快速查找所需要的颜色，如图 9-1~ 图 9-5 所示。

颜色编号	R		B	#
1	139	0	22	8B0016
2	178	0	31	B2001F
3	197	0	35	C50023
4	223	0	41	DF0029
5	229	70	70	E54646
6	238	124	107	EE7C6B
7	245	168	154	F5A89A
8	252	218	213	FCDAD5
9	142	30	32	8E1E20
10	182	41	43	B6292B
11	200	46	49	C82E31
12	223	53	57	E33539
13	235	113	83	EB7153
14	241	147	115	F19373
15	246	178	151	F6B297
16	252	217	196	FCD9C4
17	148	83	5	945305
18	189	107	9	BD6B09
19	208	119	11	D0770B
20	236	135	14	EC870E
21	240	156	66	F09C42
22	245	177	109	F5B16D
23	250	206	156	FACE9C
24	253	226	202	FDE2CA
25	151	109	0	976D00

图9-1 配色色标1

颜色编号	R		B	#
26	193	140	0	C18C00
27	213	155	0	D59B00
28	241	175	0	F1AF00
29	243	194	70	F3C246
30	249	204	118	F9CC76
31	252	224	166	FCE0A6
32	254	235	208	FEEBD0
33	156	153	0	9C9900
34	199	195	0	C7C300
35	220	216	0	DCD800
36	249	244	0	F9F400
37	252	245	76	FCF54C
38	254	248	134	FEF889
39	255	250	179	FFFAB3
40	255	251	209	FFFBD1
41	54	117	23	367517
42	72	150	32	489620
43	80	166	37	50A625
44	91	189	43	5BBD2B
45	131	199	93	83C75D
46	175	215	136	AFD788
47	200	226	177	C8E2B1
48	230	241	216	E6F1D8
49	0	98	65	006241
50	0	127	84	007F54

图9-2 配色色标2

颜色编号	R		B	#
51	0	140	94	008C5E
52	0	160	107	00A06B
53	0	174	114	00AE72
54	103	191	127	67BF7F
55	152	208	185	98D0B9
56	201	228	214	C9E4D6
57	0	103	107	00676B
58	0	132	137	008489
59	0	146	152	009298
60	0	166	173	00A6AD
61	0	178	191	00B2BF
62	110	195	201	6EC3C9
63	153	209	211	99D1D3
64	202	229	232	CAE5E8
65	16	54	103	103667
66	24	71	133	184785
67	27	79	147	1B4F93
68	32	90	167	205AA7
69	66	110	180	426EB4
70	115	136	193	7388C1
71	148	170	214	94AAD6
72	191	202	230	BFCAE6
73	33	21	81	211551

图9-3 配色色标3

颜色编号	R		B	#
74	45	30	105	2D1E69
75	50	34	117	322275
76	58	40	133	3A2885
77	81	31	144	511F90
78	99	91	162	635BA2
79	130	115	176	8273B0
80	160	149	196	A095C4
81	56	4	75	38044B
82	73	7	97	490761
83	82	9	108	52096C
84	93	12	123	5D0C7B
85	121	55	139	79378B
86	140	99	164	8C63A4
87	170	135	184	AA87B8
88	201	181	212	C9B5D4
89	100	0	75	64004B
90	120	0	98	780062
91	143	0	109	8F006D
92	162	0	124	A2007C

图9-4 配色色标4

颜色编号	R		B	#
93	175	74	146	AF4A92
94	197	124	172	C57CAC
95	210	166	199	D2A6C7
96	232	211	227	E8D3E3
97	236	236	236	ECECEC
98	215	215	215	D7D7D7
99	194	194	194	C2C2C2
100	183	183	183	B7B7B7
101	160	160	160	A0A0A0
102	137	137	137	898989
103	112	112	112	707070
104	85	85	85	555555
105	54	54	54	363636
106	0	0	0	000000

图9-5 配色色标5

第9章 网页设计配色搭配方案剖析

9.2 强烈

强烈的色彩组合是充满刺激的快感和支配的欲念，不管颜色是怎么组合，红色绝对是少不了的。

9.2.1 推荐配色方案

如图9-6所示，强烈配色中的补色色彩组合、原色色彩组合和单色色彩组合的配色方案。补色中是典型的红配绿，对比如此强烈的两种色彩，如果搭配好了，容易产生激烈的视觉效果。红色具有使人兴奋的特征，不同的红色搭配在一起，形成了一种充满激情和强烈的色彩搭配，这种配色在大量是时尚和喜庆氛围中被使用。

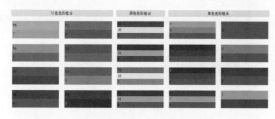

图9-6 补色色彩组合、原色色彩组合和单色色彩组合的配色方案

如图9-7所示，强烈配色中的分裂补色色彩组合和类比色彩组合配色方案。女性化的紫色搭配红色，非常强烈的浪漫搭配。

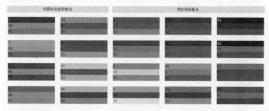

图9-7 分裂补色色彩组合和类比色彩组合配色方案

如图9-8所示，强烈配色中的中性色彩组合、冲突色彩组合和分裂色彩组合配色方案。红色与绿色搭配对比强烈，时尚鲜艳。

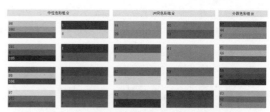

图9-8 中性色彩组合、冲突色彩组合和分裂色彩组合配色方案

9.2.2 配色解析

红色是最终力量来源——强烈、大胆、极端。在网页设计时，有力色彩组合是用来传达活力、醒目等强烈的信息，并且总能吸引众人的目光。

如图9-9所示，网站在色彩选用上比较强烈，色彩搭配非常和谐，结构也比较清晰，颜色给人强烈鲜艳的印象，采用类比色彩组合配色方案，是个配色成功的网站。

R: 223　　　　R:239　　　　R:244
G:0　　　　　G:120　　　　G:214
B:41　　　　　B:2　　　　　B:188

图9-9 强烈配色网页

网页布局与配色完全学习手册

9.3 丰富

有力的红色与多种高纯度的补色色彩搭配，给人一种明朗、精神饱满、丰富多彩的视觉冲击力。

9.3.1 推荐配色方案

如图 9-10 所示，丰富配色中的补色色彩组合、原色色彩组合和单色色彩组合的配色方案。见到这个配色的人都能马上产生丰富的想象。这样的搭配对于每个人都有非常大的吸引力。

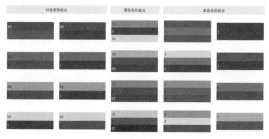

图9-10 丰富配色中的补色色彩组合、原色色彩组合和单色色彩组合的配色方案

如图 9-11 所示，丰富配色中的分裂补色色彩组合和类比色彩组合配色方案。色彩丰富而鲜艳的配色给人节日欢快的感觉，注意这里使用的色彩色调基本都是统一的。整体虽然色彩鲜艳，却相对和谐，是一种优秀配色。

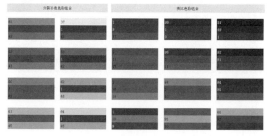

图9-11 丰富配色中的分裂补色色彩组合和类比色彩组合配色方案

如图 9-12 所示，丰富配色中的中性色彩组合、冲突色彩组合和分裂色彩组合配色方案。

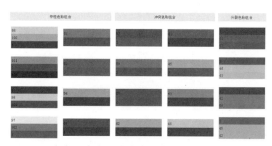

图9-12 丰富配色中的中性色彩组合、冲突色彩组合和分裂色彩组合配色方案

9.3.2 配色解析

这些丰富、华丽的色彩用在网页上，可创造出戏剧性、难以忘怀的效果。这些色彩会给人一种丰富、富有、有档次的感觉，如图 9-13 所示。

R:224 G:16 B:40

R:0 G:172 B:54

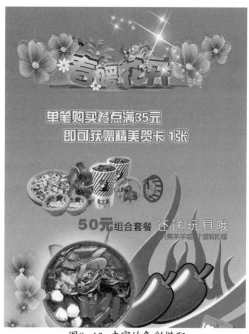

图9-13 丰富的色彩搭配

第9章 网页设计配色搭配方案剖析

9.4 浪漫

浪漫这个词语从古至今都充满着美丽的色彩和印象，是很多颜色的共同搭配，合理组合，缔造出永恒的话题。

9.4.1 推荐配色方案

如图 9-14 所示，浪漫配色中的补色色彩组合、原色色彩组合和单色色彩组合的配色方案。采用补色中的粉色与绿色搭配，整体柔和、浪漫迷人并带有纯真的一面，仿佛初恋的感觉。

图9-14 浪漫配色中的补色色彩组合、原色色彩组合和单色色彩组合的配色方案

如图 9-15 所示，浪漫配色中的分裂补色色彩组合和类比色彩组合配色方案。类比色搭配，稳定和谐，紫色调给人一种浪漫、华丽的感觉，让人充满幻想。

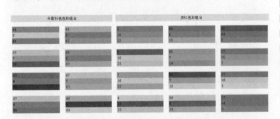

图9-15 浪漫配色中的分裂补色色彩组合和类比色彩组合配色方案

如图 9-16 所示，浪漫配色中的中性色彩组合、冲突色彩组合和分裂色彩组合配色方案。大量女性化的红色，具有强烈的时尚和浪漫情调。

图9-16 浪漫配色中的中性色彩组合、冲突色彩组合和分裂色彩组合配色方案

9.4.2 配色解析

粉红代表浪漫，粉红色是把数量不一的白色加在红色中，造成一种明亮的红。像红色一样，粉红色会引起人的兴趣与快感，但是在比较柔和、宁静的方式中进行。浪漫色彩设计，由粉红、淡紫和桃红搭配而成，会令人觉得柔和、典雅。如图 9-17 所示的页面配色浪漫。

R:173　　R:218　　R:217
G:12　　　G:136　　G:139
B:141　　　B:202　　B:64

图9-17 页面浪漫配色

9.5 奔放

橙色和红色是热情奔放的色彩，每次看到它，在心中都会漾起浓浓的暖意。将橙色用到网页设计中，自然也会给人带来热情奔放的视觉感受。

9.5.1 推荐配色方案

如图 9-18 所示，奔放配色中的补色色彩组合、二次色彩组合和单色色彩组合的配色方案。这种鲜艳奔放的色彩，能让页面显得丰富而生动，这个配色由于大量使用高纯度色彩，处理好各色彩之间的关系显得非常重要，特别是红色在页面中的地位。

图9-18 奔放配色中的补色色彩组合、二次色彩组合和单色色彩组合的配色方案

如图 9-19 所示，奔放配色中的分裂补色色彩组合和类比色彩组合配色方案。明亮温暖的色彩搭配，通过橙色和黄色这两种近似色之间的渐变形成的配色，页面整体充满了奔放的活力。

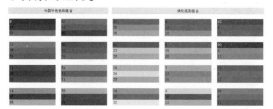

图9-19 奔放配色中的分裂补色色彩组合和类比色彩组合配色方案

如图 9-20 所示，奔放配色中的中性色彩组合、冲突色彩组合和分裂色彩组合配色方案。

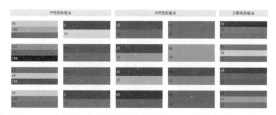

图9-20 奔放配色中的中性色彩组合、冲突色彩组合和分裂色彩组合配色方案

9.5.2 配色解析

使用朱红色能在一般网页设计上展现活力与热忱。中央为红橙色的色彩组合最能轻易创造出有活力、充满温暖的感觉。如图 9-21 所示，这种色彩组合就是图 9-20 中的 9 和 12 的色彩搭配，让人有喜庆、朝气、奔放的感觉，常常出现在网络广告中。

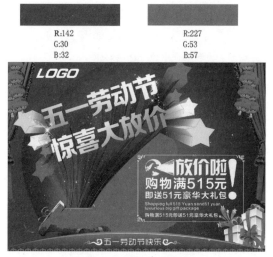

图9-21 页面奔放配色

9.6 柔和

当我们要设计出柔和的色彩组合时，使用没有高度对比的明色，是最明智不过的了。橙色可以适合很多网页，无论是在展示商品，还是在流行服饰中，这类色彩都展现出可爱、迷人的一面。

9.6.1 推荐配色方案

如图 9-22 所示，柔和配色中的补色色彩组合、二次色彩组合和单色色彩组合的配色方案。橙黄色和紫色、绿色搭配起来，虽然色彩渐趋柔和，但是另一番奇幻的神韵却油然而生，成为一种二次色的配色设计。

图9-22 柔和配色中的补色色彩组合、二次色彩组合
和单色色彩组合的配色方案

如图 9-23 所示，柔和配色中的分裂补色色彩组合和类比色彩组合配色方案。在页面中，橙色经常作为强调色，这种在视觉吸引排名中领先的色彩作为强调色常常是最合适的选择，我们经常在各种网站上见到这种色彩。

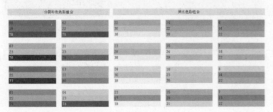

图9-23 柔和配色中的分裂补色色彩组合和类比色彩
组合配色方案

如图 9-24 所示，柔和配色中的中性色彩组合、冲突色彩组合和分裂色彩组合配色方案。

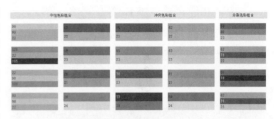

图9-24 柔和配色中的中性色彩组合、冲突色彩组合和
分裂色彩组合配色方案

9.6.2 配色解析

化妆品或家居装修类网站如果采用这类轻柔、缓和的色彩来设计，往往是非常理想的，因为这类色彩不但表现出开朗、活泼的个性，同时也表现出平和大方的气度。如图 9-25 所示的化妆品网站采用柔和的色彩。

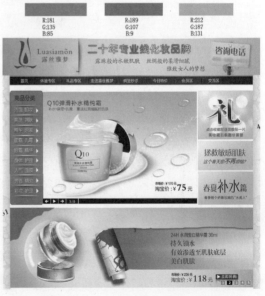

图9-25 化妆品网站采用柔和的色彩

网页设计与配色

9.7 热情

橙色、黄色等色彩与其他色彩的搭配，可使网页呈现温馨、和煦、热情的氛围。

9.7.1 推荐配色方案

采用黄橙、琥珀色的色彩组合，是最具亲和力的。添加少许红色的黄色会发出夺目的色彩，处处惹人怜爱。如图 9-26 所示，热情配色中的补色色彩组合、三次色彩组合和单色色彩组合的配色方案。

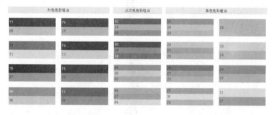

图9-26 热情配色中的补色色彩组合、三次色彩组合和单色色彩组合的配色方案

如图 9-27 所示，热情配色中的分裂补色色彩组合和类比色彩组合配色方案。

图9-27 热情配色中的分裂补色色彩组合和类比色彩组合配色方案

如图 9-28 所示，热情配色中的中性色彩组合、冲突色彩组合和分裂色彩组合配色方案。

图9-28 热情配色中的中性色彩组合、冲突色彩组合和分裂色彩组合配色方案

9.7.2 配色解析

在如图 9-29 所示的网页中橙黄色和绿色组成的配色，使人有舒适、温馨的感觉。这类色调可作多种应用，像淡黄的明色可以营造出欢乐、热情的气氛。

图9-29 热情的配色

9.8 动感

色彩的搭配对于网页来说相当重要，跳跃的色彩可以给视觉上很好的享受，网页的动感可让网站的气氛更绚丽。

9.8.1 推荐配色方案

高度对比的配色设计，像黄色和它的补色紫色，含有活力和动感的意义。如图 9-30 所示，动感配色中的补色色彩组合、二次色彩组合和单色色彩组合的配色方案。

图9-30 动感配色中的补色色彩组合、二次色彩组合和单色色彩组合的配色方案

如图 9-31 所示，动感配色中的分裂补色色彩组合和类比色彩组合配色方案。黄色和橙色都是高明度的色彩，一起搭配形成了明亮、活跃的感觉，是很好的搭配。

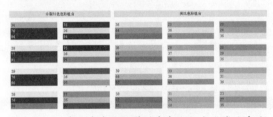

图9-31 动感配色中的分裂补色色彩组合和类比色彩组合配色方案

如图 9-32 所示，动感配色中的中性色彩组合、冲突色彩组合和分裂色彩组合配色方案。最鲜艳的色彩组合通常中央都有黄色。黄色代表带给万物生机的太阳，活力和永恒的动感。当黄色加入了白色，它光亮的特质就会增加，产生出格外耀眼的效果。

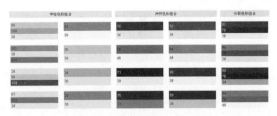

图9-32 动感配色中的中性色彩组合、冲突色彩组合和分裂色彩组合配色方案

9.8.2 配色解析

如图 9-33 所示的页面配色充满活力的搭配，同时非常和谐，总体上只使用了红、黄和绿具有强烈的色彩，然后通过渐变产生出丰富多彩的动感效果。

图9-33 充满活力的动感搭配

9.9 高雅

随着网页设计的流行，高雅成为了越来越多网页设计时的追求，丰富的色彩搭配以达到优雅而高贵的整体效果。

9.9.1 推荐配色方案

如图 9-34 所示，高雅配色中的补色色彩组合、原色色彩组合和单色色彩组合的配色方案。以紫色和粉色为主的配色中加入了黄色，形成了一定的色相上的互补对比。少许的黄色加上白色会形成粉黄色，这种色彩古典、高贵的气质，给人一种雍容华贵的印象。

网页布局与配色完全学习手册

网页设计与配色

图9-34 高雅配色中的补色色彩组合、原色色彩组合
和单色色彩组合的配色方案

如图 9-35 所示，高雅配色中的分裂补色色彩组合和类比色彩组合配色方案。粉色和淡黄色的搭配并不总是给人娇柔的感觉，粉色纯度较低的柔和的色彩会呈现出一种稳重、高雅的气质出来，雍容而高贵，这样的配色多用于和女性密切相关的设计中。

图9-35 高雅配色中的分裂补色色彩组合和类比色彩
组合配色方案

如图 9-36 所示，高雅配色中的中性色彩组合、冲突色彩组合和分裂色彩组合配色方案。一直以来紫色都是一种被人们认为具有高贵气质的色彩，目前紫色被大规模的使用在服饰、婚恋等网站中。

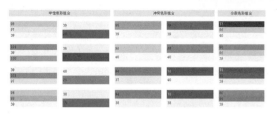

图9-36 高雅配色中的中性色彩组合、冲突色彩组合和
分裂色彩组合配色方案

9.9.2　配色解析

粉色和紫色的搭配多见于女性服饰领域的配色，这样的搭配给人甜蜜、高雅的感觉，如图 9-37 所示的网页色彩搭配比较高雅。

图9-37 网页的色彩搭配比较高雅

9.10　流行

今天"流行"的，明天可能就"落伍"了，流行的配色设计看起来挺舒服的。

9.10.1　推荐配色方案

如图 9-38 所示，流行配色中的补色色彩组合、三次色彩组合和单色色彩组合的配色方案。绿色的单色搭配，把常见的几种绿色进行了一定的挑选，形成了一种明度上的渐变，这种色彩搭配比较流行。

图9-38 流行配色中的补色色彩组合、三次色彩组合和单色色彩组合的配色方案

如图9-39所示，流行配色中的分裂补色色彩组合和类比色彩组合配色方案。淡黄绿色色彩醒目，适用于青春有活力且不寻常的事物上。这种鲜明的色彩在流行网站中创造出无数成功的色彩组合。黄绿或淡黄绿色和它完美的补色搭配起来，就是一种绝妙的对比色彩组合。

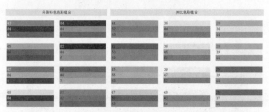

图9-39 流行配色中的分裂补色色彩组合和类比色彩组合配色方案

如图9-40所示，流行配色中的中性色彩组合、冲突色彩组合和分裂色彩组合配色方案。这样的色彩丰富的搭配给人一种轻快、流畅的视觉享受，如同轻松的舞曲，让人为之欢跃，整个颜色搭配选择了大量的冷色绿色，整体色彩显得十分符合潮流。

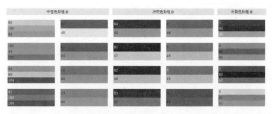

图9-40 流行配色中的中性色彩组合、冲突色彩组合和分裂色彩组合配色方案

9.10.2 配色解析

如图9-41所示的这个页面使用的是绿色，这种绿色更偏向与黄绿色，在几种相似色之间的搭配下显得十分协调和自然。

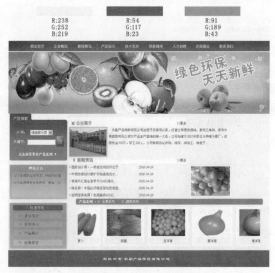

图9-41 流行绿色配色

9.11 清新

采用色相环上绿色的类比色，可设计出代表户外环境、鲜明、生动的色彩。一如晴空万里下，一片刚整理好的草坪，天蓝草绿，显得清新、自然。

9.11.1 推荐配色方案

如图9-42所示，清新配色中的补色色彩组合、二次色彩组合和单色色彩组合的配色方案。单色色彩搭配中使用单纯的青绿色渐变搭配，这个配色也给人清新、希望等色彩印象。大面积使用青绿色在设计中还是比较常见的。

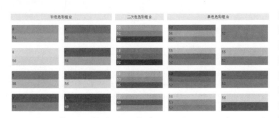

图9-42　清新配色中的补色色彩组合、二次色彩组合
和单色色彩组合的配色方案

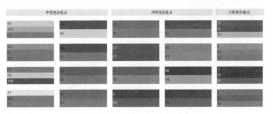

图9-44　清新配色中的中性色彩组合、冲突色彩组合
和分裂色彩组合配色方案

如图 9-43 所示，清新配色中的分裂补色色彩组合和类比色彩组合配色方案。以绿色作为主色的明亮的色彩搭配，由于加入了更多的其他要素，比一般的单色搭配要显得丰富得多，整体给人清新、明亮的视觉感，和黄绿色等高明度色彩形成很强的明暗对比。

9.11.2　配色解析

绿色拥有同样多的蓝色与黄色，代表着欣欣向荣、健康的气息。绿色只要配上少许的黄色，即能创造出一股生命力，如图 9-45 所示。

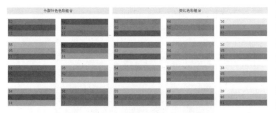

图9-43　清新配色中的分裂补色色彩组合和类比色彩
组合配色方案

如图 9-44 所示，清新配色中的中性色彩组合、冲突色彩组合和分裂色彩组合配色方案。在网页上也常会见到很多的红色、紫色和绿色的搭配，这种配色给我们带来很强的视觉冲击，这种搭配常常用于时尚、前卫的设计和服饰等领域。

R:249　　R:182　　R:2
G:244　　G:217　　G:136
B:0　　　B:35　　　B:67

图9-45　清新的色彩搭配

9.12　古典

古典文化丰富的艺术底蕴，开放、创新的设计思想及其尊贵的姿容，一直以来颇受众人喜爱与追求。

9.12.1　推荐配色方案

古典的色彩组合带有势力与权威的意味，古典的色彩组合表示真理、责任与信赖。又因为蓝色会唤起人持久、稳定与力量的感觉，特别是和它的分裂补色——红橙和黄橙色搭配在一起。

网页布局与配色完全学习手册

如图 9-46 所示，古典配色中的补色色彩组合、原色色彩组合和单色色彩组合的配色方案。

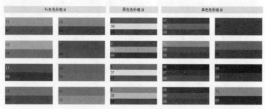

图9-46　古典配色中的补色色彩组合、原色色彩组合和单色色彩组合的配色方案

如图 9-47 所示，古典配色中的分裂补色色彩组合和类比色彩组合配色方案。使用了蓝紫色搭配，给人一种古典高雅的美丽，如同一位真正的贵族女性，时间虽然能让美丽流逝，却总能留下一些东西，这就是这个色彩搭配想要表达的。

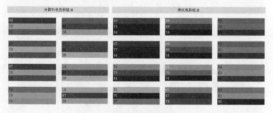

图9-47　古典配色中的分裂补色色彩组合和类比色彩组合配色方案

如图 9-48 所示，古典配色中的中性色彩组合、冲突色彩组合和分裂色彩组合配色方案。灰色和蓝色系色彩的搭配，给人一种身处古典的感觉，同时通过同色系中色彩的明度变化来形成明暗对比，从而丰富整体页面。

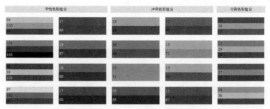

图9-48　古典配色中的中性色彩组合、冲突色彩组合和分裂色彩组合配色方案

9.12.2　配色解析

金黄色、暗红和黑色是古典风格中常见的主色调，少量白色配合，使色彩看起来明亮、大方，使整个页面给人以古典大气的非凡气度，如图 9-49 所示。

图9-49　古典色彩搭配

9.13　堂皇

纯蓝和少量的红色结合在一起，产生蓝紫色，这是色相环上最深的颜色。和这类色彩搭配，可象征权威，表现出皇家的气派，蓝紫和它的补色——黄橙搭配起来，就创造出最惊人的色彩设计。

9.13.1　推荐配色方案

如图 9-50 所示，堂皇配色中的补色色彩组合、三次色色彩组合和单色色彩组合的配色方案。蓝色这种用来表现深远，博大的颜色与蓝黑色的搭配让整体显得稳重、堂皇，在商务活动中经常能看到这种搭配。

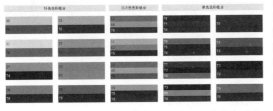

图9-50 堂皇配色中的补色色彩组合、三次色色彩组合和单色色彩组合的配色方案

如图 9-51 所示，堂皇配色中的分裂补色色彩组合和类比色彩组合配色方案。蓝色和紫色是一对类似色，特性上也有一定的相似，这个的搭配通常既能获得和谐，也能形成一定对比，是一种不错的颜色搭配。这个色彩搭配方案在时尚领域较为常见。

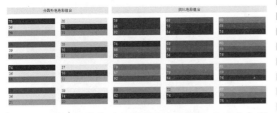

图9-51 堂皇配色中的分裂补色色彩组合和类比色彩组合配色方案

如图 9-52 所示，堂皇配色中的中性色彩组合、冲突色彩组合和分裂色彩组合配色方案。蓝色是一种商业网站经常使用的色彩，它

的特点非常明显，与作为互补色的橙色搭配，使蓝色的这种属性更加凸显，有一种富丽堂皇的感觉。

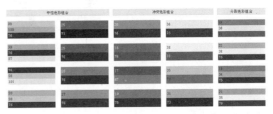

图9-52 堂皇配色中的中性色彩组合、冲突色彩组合和分裂色彩组合配色方案

9.13.2 配色解析

如图 9-53 所示的网页中，教堂黄色灯光极具华丽、堂皇的特点，让整个页面看上去显得富丽堂皇，充满了皇家宫廷的感觉，令人感到无比的震撼。

图9-53 富丽堂皇的配色

9.14 神奇

紫色有着诡异的气息，所以能制造奇幻的效果。各种彩度与亮度的紫色，配上橙色和绿色，能给人以神奇的感觉。

9.14.1 推荐配色方案

在紫色系中，淡紫色融合了红和蓝，比起粉色较精致、刚硬。淡紫色尽管无声无息，与其他色彩相配后，仍然给人以清丽出众的感觉。如图 9-54 所示，神奇配色中的补色色彩组合、二次色色彩组合和单色色彩组合的配色方案。

图9-54 神奇配色中的补色色彩组合、二次色色彩组合和单色色彩组合的配色方案

如图 9-55 所示，神奇配色中的分裂补色色彩组合和类比色彩组合配色方案。以紫色和红色作为主要搭配的页面一般都是为女性设计的。这个紫色和玫瑰红色的类比色搭配更多的表现了女性优雅、丰富的一面。这种颜色多用来形容如梦的爱情，多给人神奇梦幻、浪漫的印象。

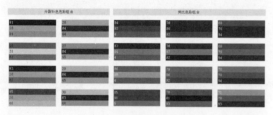

图9-55 神奇配色中的分裂补色色彩组合和类比色彩组合配色方案

如图 9-56 所示，神奇配色中的中性色彩组合、冲突色彩组合和分裂色彩组合配色方案。明亮的绿色和优雅紫色的搭配也是常见的，由于这两种色彩分属色环中的两端，所以形成的对比相对较为强烈，紫色的加入给绿色平添了优雅、女性的气质，而绿色也给紫色加入生命活力的元素，对比较大，所以在页面中加入淡黄色还是相当必要的。

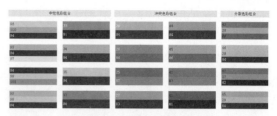

图9-56 神奇配色中的中性色彩组合、冲突色彩组合和分裂色彩组合配色方案

9.14.2　配色解析

如图 9-57 所示的网页，是以紫色为主的搭配，把时尚和神秘的气息完全表现，也许只有紫色才能做到，这里选用了更加神秘性的黑紫色，有利于突出主题。

R:140　　R:73　　R:102
G:99　　　G:7　　　G:36
B:164　　　B:97　　　B:144

图9-57 神秘性的黑紫色网页

9.15　职业

在商业活动中，一般流行的看法是，灰色或黑色系列可以象征"职业"，因为这些颜色较不具个人主义，有中庸之感。

9.15.1　推荐配色方案

灰色其实是鲜艳的红色最好的背景色，这些活泼的颜色加上低沉的灰色，可以使原有的热力稍加收敛、含蓄一些，如图 9-58 所示。

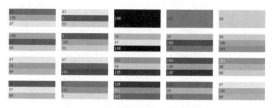

图9-58 灰色与红色或黑色搭配

如图 9-59 所示，鲜艳的橙色或淡黄色配上低调的灰色，显得协调，不会给人张扬的感觉。虽然这里的橙黄色本身纯度不高，但在纯度极低的灰色搭配下却显得特别的鲜艳。

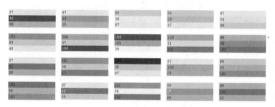

图9-59 灰色与淡黄色或绿色搭配

灰色无论与什么色彩放在一起，都会别有一番风情，与紫色、青色搭配也不例外，如图 9-60 所示。

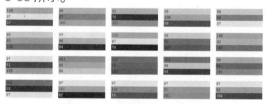

图9-60 灰色和紫色、青色搭配

9.15.2 配色解析

黑色与灰色作为冷色系的代表，是网站建设中常用的色调之一，多用于网站的背景色及底部颜色。黑色代表着庄严，这里的服装服饰网站设计采用黑色来塑造高贵职业的形象。虽然灰色不具刺激感，却富有实际感。它传达出一种实在、严肃的气息。如图 9-61 所示为黑色与灰色搭配的服装网站。

图9-61 黑色与灰色搭配的服装网站

第10章 网页配色中色相的应用

本章导读

色彩与人的心理感觉和情绪有一定的关系，利用这一点可以在设计页面时形成自己独特的色彩效果，给浏览者留下深刻的印象。不同的颜色会给我们不同的心理感受。不同色彩会产生不同的联想，蓝色想到天空、黑色想到黑夜、红色想到喜事等。选择色彩要和网页的内涵相关联。本章介绍各种不同色相的配色方案。

技术要点

- 红色系的配色
- 橙色系的配色
- 黄色系的配色
- 紫色系的配色
- 绿色系的配色
- 蓝色系的配色
- 无彩色的配色

实例展示

橙色的汉堡网站

黄色的网站

绿色与橙红色的对比色

灰色与黑色搭配的页面

10.1　红色系的配色

红色的色感温暖，性格刚烈而外向，是一种对人刺激性很强的颜色。红色容易引人注意，也容易使人兴奋、激动、紧张、冲动。

10.1.1　红色系的分类

红色除了具有较佳的明视效果外，更被用来传达有活力、积极、热诚、温暖、前进等涵义的企业形象与精神，另外红色也常被用做警告、危险、禁止、防火等标识色。如图 10-1 所示是红色的色阶。

图10-1　红色色阶

1.　西瓜红

西瓜红是一种成熟了的西瓜果肉的颜色，西瓜红的颜色比大红色淡些，稍带桃色。西瓜红是一种较为常见的色彩，这个红色纯度介于粉色和洋红之间，所以也具有两种颜色的共性，常用于和女性有关的网页中，如图 10-2 所示。

图10-2　西瓜红

2.　夕阳红

夕阳红这个色彩介于红色和橙色之间，兼有两者的一些特性，但表现并没有高纯度的橙色或红色那么强烈，给人平静、含蓄的感觉，这样的纯度稍低的色彩在实际生活或设计中有广泛的运用，如图 10-3 所示。

图10-3　夕阳红

3.　水红色

水红色是一种介于鲜红色和玫瑰红之间的色彩，它是一种很脱俗、素雅的颜色，如图 10-4 所示。这样的色彩适合用于表达女性时尚、浪漫的一面，在网页设计中十分常见。

图10-4　水红色

4.　棕红色

棕红色给人的视觉感和名称十分吻合，低纯度的红色和棕色并没有什么明确的界限，这个色彩在一些场合也可以被称做"砖红色"，明度和纯度上的降低使该色彩缺乏了红色那种激情，而变得稳重和含蓄，棕红色显得高贵、典雅。大面积使用这个色彩也会给人恐怖的感觉，如图 10-5 所示。

图10-5　棕红色

5.　酒红色

就像它的名字一样浪漫、典雅，酒红色如同一杯醇美的葡萄酒，历经岁月的淘洗而愈加甘冽，散发出成熟女性才有的芳香。酒红色明度较低，少量使用便能给人高贵的视觉感受，大量使用容易引起反感，如图 10-6 所示。

沉稳低调、饱含浓郁浪漫与优雅情调的酒红色受到众多服装网站的钟爱。浓郁的酒红色被大量运用在鞋、包等网页的设计上，无论面积大小，都显得性感迷人。

酒红色和灰色：绝对经典的配色，而且可以根据灰色的浓淡不同，而表现出微妙的差别。酒红和浅灰的搭配非常文雅、知性，与深灰的搭配则呈现出一种带有女人味儿的权威感。

酒红色和黑色：酒红色具有非凡的典雅气质，搭配黑色突出明艳、妩媚而高雅。

图10-6 酒红色

6. 玫瑰红

玫瑰红作为表现玫瑰色的色彩之一，有着透彻无垢的明亮红色。玫瑰被誉为"美的化身"，而被用来命名色彩，如图 10-7 所示。

图10-7 玫瑰红

玫瑰红的色彩透彻、明晰，既包含着孕育生命的能量，又流露出含蓄的美感，华丽而不失典雅。玫瑰红象征着典雅和明快，它搭配同系色和类似的亮色，制造出热门而活泼的效果。通过使用补色——蓝色，与其搭配制造出水流动的效果，衬出了动感。

7. 朱红色

朱红色是中国传统色彩名称，又称"中国红"，介乎于橙色和红色之间。朱红色在红色系里倾向黄色方向，是大红色加入黄色而得。在色环表中，纯红色在 HSB 里为 0°，往 360° 方向呈现的是冷红色系，0° 方向为黄色系，如图 10-8 所示。

图10-8 朱红色

这类颜色的组合容易使人提升兴奋度，红色特性明显，这一醒目的特殊属性，被广泛的应用于食品、时尚休闲等类型的网站。

10.1.2 红色适合的配色方案

红色是强有力的色彩，是热烈、冲动的色彩，在网页颜色应用中，纯粹使用红色为主色调的网站相对较少，多用于辅助色、点睛色，达到陪衬、醒目的效果。常见的红色配色方案如图 10-9 所示。

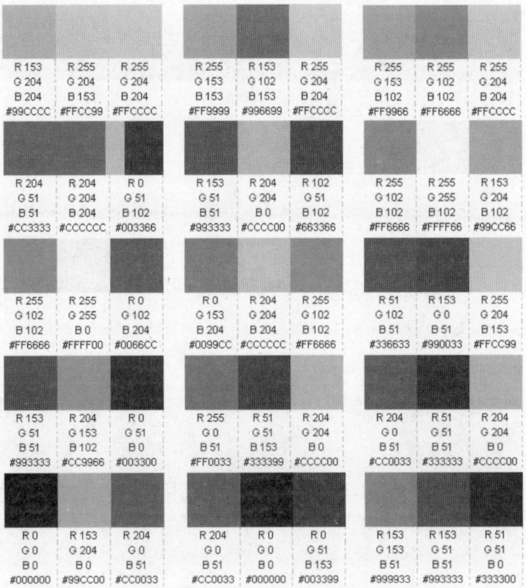

图10-9 常见的红色搭配

如图 10-10 所示的网页，在红色中加入少量的黄色，会使其热力强盛，用于表达愉悦、喜庆的颜色，极富动感和张扬。

红色与黑色的搭配在商业设计中，被誉为"商业成功色"，在网页设计中也比较常见。红黑搭配色，常用于较前卫时尚、娱乐休闲等要求个性的网页中，如图 10-11 所示的页面中，红色通过与灰色、黑色等非彩色搭配使用，可以得到现代且激进的感觉。

图10-10 加入少量黄色的红色网页

图10-11 红色中加入少量黑色的页面

图10-12 粉红色为主的网页

图10-13 红色中加入少量的蓝色

粉红色主要是红色系中的冷色系，这类颜色的组合多用于女性主题，如化妆品、服装等，鲜嫩而充满诱惑，容易营造出柔情、娇媚、温柔、甜蜜、纯真、诱惑、艳丽等气氛。如图10-12所示的网页中，以粉红色为主色调的页面，女性主题内容特征倾向明显。

在红色中加入少量的蓝，会使其热性减弱，趋于文雅、柔和。起到丰富画面，形成对比的作用，也平衡了整体过于热烈的视觉感，如图10-13所示。

如图10-14所示，高纯度鲜艳的红色和蓝色的搭配会让人眼前一亮，这样高纯度的配色是典型的现代与后现代设计的风格，对于此类的搭配，处理好色彩的面积对比至关重要。

在红色中加入少量的白色，会使其性格变得温柔，趋于含蓄、羞涩、娇嫩。含白的粉红色，则有柔美、甜蜜、梦幻、愉快、幸福、温雅的感觉，常用在婚恋交友的网站中，如图10-15所示。

图10-14 鲜艳的红色和蓝色的搭配

图10-15 婚恋交友网站的页面

10.1.3 适用红色系的网站

在网站页面颜色应用中，使用红色为主色调的网站比较多。红色的娇艳很容易让人联想到女人，美容化妆品、女装、节日等网站很适合用红色系搭配，容易营造出娇媚、诱惑、艳丽、热烈等气氛。

红色能够刺激食欲，鲜红色总是让人垂涎欲滴，快餐店也常用红色来吸引顾客，如图10-16所示的快餐店网站采用鲜红的颜色。

如图10-17所示的化妆品网站页面，以红

色为主色调，红色通过与黄色搭配使用，可以得到喜庆、动感的感觉。

图10-16 快餐店采用鲜红的颜色

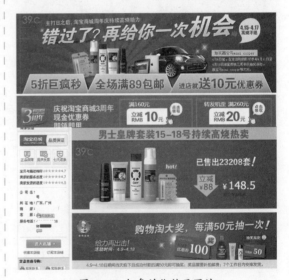

图10-17 红色的化妆品网站

深红色在原有的红色基础上降低了明度而得，是红色系中的明度变化。红色与橙色、黄色搭配，适合食品、饮料类网站，因为这几个色系和日常生活中常见食品的颜色很接近。如图10-18所示为深红色的月饼食品网站。

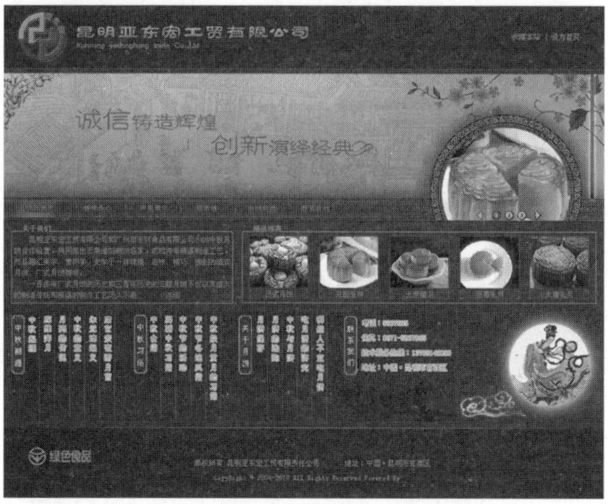

图10-18 红色的食品网站　　图10-19 大红的颜色衬托新年吉祥如意

红色历来是我国传统的喜庆色彩，大红及紫红的色彩给人感觉吉祥、稳重而又热情，常见于欢迎贵宾、节日、结婚的喜庆场合。如图10-19所示，利用大红的颜色来衬托新年吉祥如意的感觉。

10.2　橙色系的配色

橙色的波长居于红色和黄色之间，橙色是十分活泼的光辉色彩，是最暖的色彩。给人以华贵而温暖、兴奋而热烈的感觉，也是令人振奋的颜色，具有健康、富有活力、勇敢自由等象征意义，能给人有庄严、尊贵、神秘等感觉。

10.2.1　橙色系的分类

橙色具有轻快、欢欣、收获、温馨、时尚的效果，是快乐、喜悦、能量的色彩。橙色一般可作为喜庆的颜色，同时也可作为富贵色，如皇宫里的许多装饰。如图10-20所示是橙色的色阶。

图10-20 橙色的色阶

1. 肤色

名字由来是东方人的皮肤，是种对人眼非常舒适的橙色，往往能大面积使用在室内设计等场所，具有橙色的特性，又给人稳定、安静的视觉感觉，如图10-21所示。

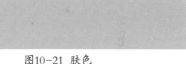

图10-21 肤色

2. 郁金色

由于橙色特有的吸引眼球的作用，这个色彩在设计中特别常见，多用于表达青春、夏日、美味、鲜艳等主题，如图10-22所示。

图10-22 郁金色

3. 热带橙

热带橙是橙色中较为常见的一种，纯度稍低，但明度依然很高，名字来自于热带水果，是一种明亮、热情的色彩，这个是高纯度橙色的一个同性。经常看到被使用到一些表达个性、具有积极意义的设计中，而且在不少设计中占有很高的面积比例，如图10-23所示。

图10-23 热带橙

4. 橙红色

红色在黄色中比例较高的是橙红色，橙红色除了橙色的特点外，还具有红色的不少特点，给人比橙色更加强烈的视觉感，如图10-24 所示。

图10-24 橙红色

5. 褐色

橙色一般是红色比例较高的色彩，所以具有较多红色的特性，在橙色的明度下降时，便形成了褐色，这种色彩的纯度较高，但明度稍低。一般看做是一种温暖、厚重的色彩，如图10-25 所示。

图10-25 褐色

6. 棕色

棕色一般可以理解为纯度和明度都非常低的橙色，但它失去了橙色原本的意义，显得稳重、厚实，但依然是种暖色，十分易于搭配，不管是作为背景或前景色都是很合适的选择，如图10-26 所示。

图10-26 棕色

10.2.2　橙色适合的配色方案

橙色能够用来强化视觉，橙色是可以通过变换色调营造出不同氛围的典型颜色，它既能表现出青春的活力，也能够实现稳重的效果，所以橙色在页面中的使用范围是非常广泛的。如图 10-27 所示为常见的橙色配色方案。

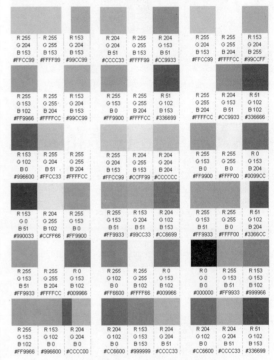

图10-27 橙色配色方案

橙色会使我们联想到金色的秋天、丰硕的果实，因此是一种富足、快乐幸福的色彩，如图 10-28 所示。

图10-28 橙色网页

使用了高亮度橙色的网页通常都会给人一种晴朗、新鲜的感觉，而通过将浅黄色、黄色、黄绿色等邻近色与橙色搭配使用，通过不同的明度和纯度的变化而得到更为丰富的色阶，通常都能得到非常好的效果。如图10-29所示，橙色与黄色等邻近色的搭配网页，视觉上处理得井然有序，整个页面看起来华丽、新鲜、充满活力。

图10-29 浅黄色、黄色等邻近色与橙色搭配

在橙色中混入少量的红色，给人以明亮、温暖和喜庆的感受，如图10-30所示。

图10-30 在橙色中混入少量的红

橙色稍稍混入黑色或白色，会变成一种稳重、含蓄、明快的暖色，如图10-31所示。但混入较多的黑色，就成为一种烧焦的色；橙色中加入较多的白色会带来一种甜腻的感觉。

图10-31 橙色稍稍混入黑色

通过将浅绿色、浅蓝色等颜色与橙色搭配使用，可以构成最明亮、最欢乐的色彩，能够形成强烈的对比，让人很容易记住它，如图10-32所示为绿色与橙色搭配。

图10-32 绿色与橙色搭配

10.2.3 适用橙色系的网站

橙色和很多食物的颜色类似，例如，橙子、面包、汉堡、油炸类食品，是很容易引起食欲的色彩，如果是以这类食物为主的网站，橙色是最适合的色彩了。如图10-33所示为使用了橙色的汉堡网站。

图10-33 橙色的汉堡网站

橙色是积极活跃的色彩，橙色的主色调适用范围较为广泛，除了食品外，家居用品、时尚品牌、运动、儿童玩具类的网站都很适合橙色系。如图 10-34 所示为使用了橙色的家居用品网站。

图10-34 橙色的家居用品网站

如图 10-35 所示，橙色与黄色等邻近色搭配的玩具网站，视觉上处理得井然有序，整个页面看起来新鲜充满活力的感觉。

图10-35 橙色的玩具网站

10.3 黄色系的配色

黄色是各种色彩中最为娇气的一种，也是有彩色中最明亮的颜色，因此给人留下明亮、辉煌、灿烂、愉快、高贵、柔和的印象，同时又容易引起味觉的条件反射，给人以甜美、香酥感。

10.3.1 黄色系的分类

黄色有着金色的光芒，有希望与功名等象征意义，黄色也代表着土地、权力，并且还具有神秘的宗教色彩，如图 10-36 所示是黄色的色阶。

图10-36 黄色的色阶

1. 浅黄色

浅黄色是一种非常明亮、靓丽的黄色，明度很高，给人一种耀眼的华丽，由于这种色彩不含有任何的灰色或黑色成分，也给人一种活跃、单纯的视觉感，可以大面积使用于不少场合，如图 10-37 所示。

图10-37 浅黄色

2. 月亮黄

月亮黄纯度较高，而且是十分明亮的黄色，整体给人一种优雅而清淡的美丽，现在已不太流行大面积使用，不过在设计中少量使用，往往能取得不错的效果，如图 10-38 所示。

图10-38 月亮黄

3. 鲜黄色

高明度和高纯度的黄色，和纯黄相比它含有少量红色，这种鲜艳的黄色多使用在表现活跃、快乐的场合中，而且这种黄色也是一种非常适合在食物中使用的色彩，如图 10-39 所示。

图10-39 鲜黄色

4. 柠檬黄

柠檬黄并不是种高饱和的黄色，而是偏暗的，但在实际使用中这点并不会表现出来，一般认为柠檬黄是艳、活跃的色彩，在以年轻人为受众的设计中经常看到，如图 10-40 所示。

图10-40 柠檬黄

5. 金黄色

金黄色是种华丽的色彩，也是种平实的色彩，它是黄金的色彩，同时也是秋天的色彩，是自然界较常见的色彩，金黄色十分容易和其他颜色搭配，作为一种高明度的突出，如图 10-41 所示。

图10-41 金黄色

6. 土黄色

土黄色也是一种自然界常见的色彩，土黄色的暖色属性并不明显，由于纯度较低，一般多用于需要色彩稳重的设计上，如图 10-42 所示。

图10-42 土黄色

7. 古铜色

古铜色一般会让人联想到的咖啡、巧克力、稳重等信息，如图 10-43 所示。

图10-43 古铜色

10.3.2 黄色适合的配色方案

黄色是在页面配色中使用最为广泛的颜色之一，黄色和其他颜色配合很活泼，有温暖感，具有快乐、希望、智慧和轻快的个性，如图 10-44 所示为常见的黄色搭配。

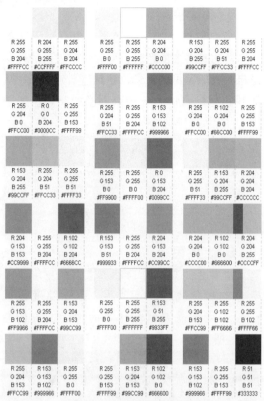

图10-44　黄色配色方案

★ 黄色系的配色方案: ★

● 在黄色中加入少量的蓝色，会使其转化为一种鲜嫩的绿色。其高傲的性格也随之消失，趋于一种平和、潮润的感觉。

● 在黄色中加入少量的红色，则具有明显的橙色感觉，其性格也会从冷漠、高傲转化为一种有分寸感的热情、温暖。

● 在黄色中加入少量的黑色，其色感和色性变化最大，成为一种具有明显橄榄绿的复色印象。其色性也变得成熟、随和。

● 在黄色中加入少量的白色，其色感变得柔和，其性格中的冷漠、高傲被淡化，趋于含蓄，易于接近。

高亮度的黄色与黑色的结合可以得到清晰、整洁的效果，这种配色实例在网页设计中经常可以见到，如图 10-45 所示为大面积黄色背景与黑色的文字和图像的搭配。

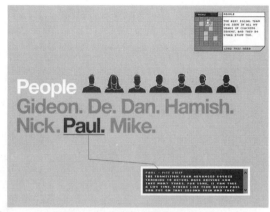

图10-45　黄色与黑色搭配的网页

在配色时，黄色与绿色相配，显得很有朝气、活力，如图 10-46 所示。

图10-46　黄色与绿色搭配的网页

淡黄色几乎能与所有的颜色相配，但如果要醒目，不能放在其他的浅色上，尤其是白色，因为它将使人什么也看不见。如图 10-47 所示为浅黄色与红色绿色搭配的网页。

图10-47　浅黄色与红色绿色搭配的网页

中黄色有崇高、尊贵、辉煌的心理感受，如图10-48所示，中黄色用在房地产小区的网站中，给人以高贵的感觉。

图10-48 中黄色有崇高、尊贵、辉煌的心理感受

深黄色给人高贵、温和、内敛、稳重的心理感受，如图10-49所示。

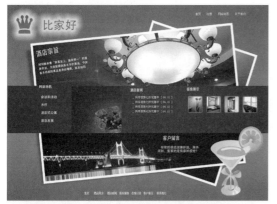

图10-49 深黄色给人高贵稳重的心理感受

10.3.3 适用黄色系的网站

黄色在从儿童站点直至门户型网站等几乎每一个角落中都找到了自己的发挥空间，通过结合绿色、蓝色等颜色可以得到温暖、愉快的积极效果，如图10-50所示。

图10-50 黄色的儿童网站

黄色也可以用于宾馆酒店或房地产等网站，给人富丽堂皇的感觉，如图10-51所示。

图10-51 黄色宾馆网站

黄色可以刺激人的食欲，可以用于食品类网站，如图10-52所示。

图10-52 黄色用于食品类网站

如图10-53所示，黄色与绿色和红色搭配，用在音乐网站上配色异常耀眼。黄色是阳光的色彩，属于明亮耀眼的颜色，给人十分年轻的感觉。辅助色是黄绿色和红色，黄绿色呈冷色调，是轻快、单薄的亮色；红色明度稍低，这里属于厚重沉稳的颜色。

另外黄色的明度很高，是活泼、欢快的色彩，有智慧、快乐的个性，可以给人甜蜜、幸福感觉的颜色。在很多网站设计中，黄色都用来表现喜庆的气氛和富饶的商品，很多高档物品的网站也适合黄色系，给人一种华贵的感觉，如图10-54所示。

图10-53 黄色用在音乐网站

图10-54 黄色的购物网站

图10-55 浅黄色艺术品类网站

浅黄色系明朗、愉快，它的雅致、清爽属性，较适合用于艺术品类网站，如图10-55所示。

10.4 紫色系的配色

紫色的色彩心理具有创造、迷幻、忠诚、神秘、稀有等内涵。象征着女性化，代表着高贵和奢华、优雅与魅力，也象征着神秘与庄重、神圣和浪漫。

10.4.1 紫色系的分类

紫色与紫红色都是非常女性化的颜色，它给人的感觉通常都是浪漫、柔和、华丽、高贵优雅，特别是粉红色更是女性化的代表颜色。如图10-56所示是紫色的色阶。

图10-56 紫色的色阶

1. 紫罗兰

紫罗兰是被女性追崇的色彩，给人浪漫、靓丽的感觉，在色彩上明度较高，纯度也很高，是种能给人愉悦的色彩，如图10-57所示。

图10-57 紫罗兰

2. 红紫色

如果非要让一个女人从紫色中挑出一个她最喜爱的色彩，会有不少人选择这种靓丽的颜色。红紫色是一个集成了红色和紫色这两种优点的色彩，可以用一切形容女性的词来形容这个色彩，如图10-58所示。

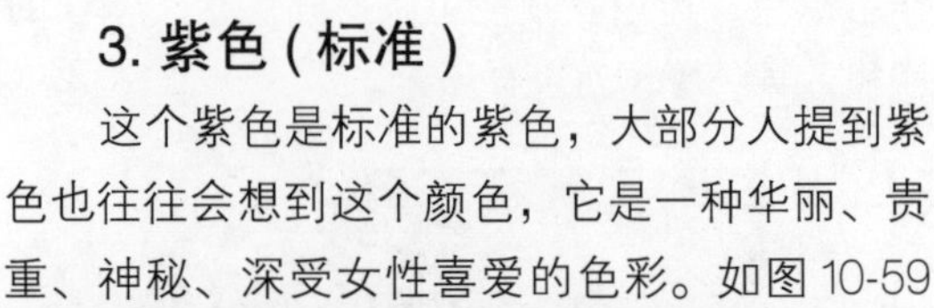

图10-58 红紫色

3. 紫色（标准）

这个紫色是标准的紫色，大部分人提到紫色也往往会想到这个颜色，它是一种华丽、贵重、神秘、深受女性喜爱的色彩。如图10-59所示为标准的紫色。

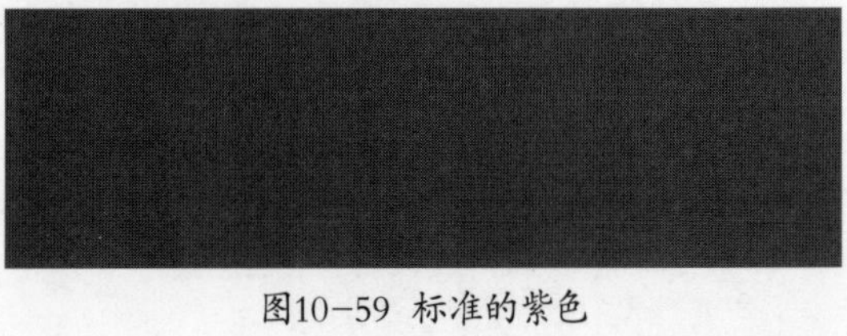

图10-59 标准的紫色

4. 暗紫色

紫色系中的典型色彩，与紫色类似只是明度稍低，暗紫色除了紫色的共性以外，还具有典雅、稳重、博大的视觉感觉，在服饰领域经常使用，如图10-60所示。

图10-60 暗紫色

5. 兰紫色

非常靓丽、出众的色彩，明度适中，比较偏女性化的色彩，给人优雅、有内涵的感觉，如图10-61所示。

图10-61 兰紫色

10.4.2 紫色适合的配色方案

不同色调的紫色可以营造非常浓郁的女性化气息，而且在灰色的突出颜色衬托下，紫色可以显示出更大的魅力。高彩度的紫红色可以表现出超凡的华丽；而低彩度的粉红色可以表现出高雅的气质。如图10-62所示为常见的紫色配色方案。

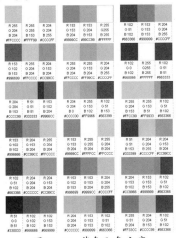

图10-62 紫色配色方案

因为从暗色调到苍白色调的紫色能够表现出可爱、乖巧的感觉，所以有人也会用做背景色或在页面中大范围使用紫色，如图10-63所示。

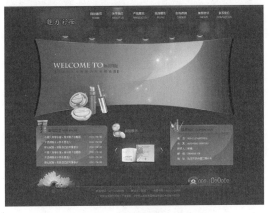

图10-63 大范围使用紫色

白色、紫红色、天蓝色的颜色搭配，是最受少女欢迎的配色方案，如图10-64所示。

图10-64 白色、紫红色、天蓝色的颜色搭配

高彩度的紫色和粉红色之间的搭配通常都能得到较好的效果。紫色和红色的搭配让人升起热情的同时，又能感受它强烈的神秘感，气质不由而升。如图10-65所示为紫色与粉红色的搭配。

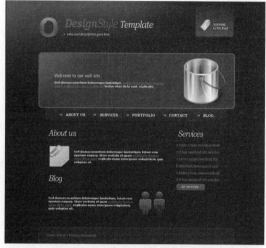

图10-65　紫色与粉红色的搭配

浅紫色系给人妩媚、优雅、娇气、清秀、梦幻，充满女性魅力，如图10-66所示为浅紫色的女性商品网站。

图10-66　浅紫色的女性网站

蓝紫色可以用来创造出都市化的成熟美，且蓝紫色可以使心情浮躁的人冷静下来。明亮的色调直至灰亮的蓝紫色有一种与众不同的神秘美感。低亮度的蓝紫色显得沉稳，高亮度的蓝紫色显得非常高雅。在网页中，蓝紫色通常与蓝色一起搭配使用，如图10-67所示。

图10-67　蓝紫色通常与蓝色一起搭配使用

深紫色给人华贵、深远、神秘、孤寂、珍贵的心理感受。较暗色调的紫色可以表现出成熟、沉稳的感觉，创造、迷幻、忠诚、神秘、稀有，如图10-68所示为深紫色搭配的网页。

图10-68　深紫色搭配的网页

10.4.3　适用紫色系的网站

不同色调的紫色可以营造非常浓郁的女性化气息，紫色与蓝色两个极致浪漫的色彩搭配在一起，打造出极致浪漫的景象。如图10-69所示为以女性为主的商场网站。

图10-69 以女性为主的商场网站

紫色高贵优雅、神秘梦幻，适合爱情、婚恋、婚庆类网站。如图 10-70 所示为紫色的婚庆网站；如图 10-71 所示为紫色的婚恋求爱网页。

图10-70 紫色的婚庆网站

图10-71 紫色的婚恋求爱网页

紫色是高贵华丽的色彩，很适合表现珍贵、奢华的商品，如女性服装或箱包网站。如图 10-72 所示的网站页面中，低纯度的暗紫色能很好的表达优雅、自重、高品位的感受，紫色的色彩配合时尚的产品，符合该页面主题所要表达的环境，让人容易记住它。

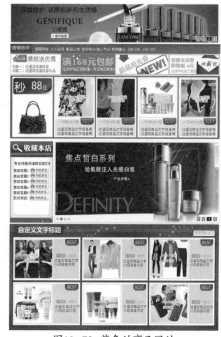

图10-72 紫色的商品网站

由于紫色在视觉上、知觉度最低，因此以紫色为主色调的网站可以表现出一种神秘、高傲而优雅的感觉。为了给投资者加深物有所值的印象，度假地产类网站有时也采用紫色显得高贵、华丽，如图 10-73 所示。

图10-73 度假地产类网站

10.5 绿色系的配色

人们看到绿色的时候，第一反应就会想到大自然。很多人都说绿色是大自然的颜色，绿色也代表着大自然中的每一个可贵的生命。大自然给了我们新鲜的氧气，而绿色也能使我们的心情变得格外明朗。

10.5.1 绿色系的分类

在商业设计中，绿色所传达的是清爽、理想、希望、生长的意象，符合服务业、卫生保健业、教育行业、农业的要求，如图10-74所示为绿色的色阶。

图10-74 绿色色阶

1. 黄绿色

如图10-75所示，黄绿色最大的特点是能使人产生较强的味觉联想，当然作为典型的黄绿色，同样给人一种自然、舒适的感觉，但是由于其纯度较高，不宜在家居或者服饰领域大面积使用，这个色彩少量使用就能起到不错的效果。

图10-75 黄绿色

2. 草坪绿

草坪绿或许才是人们对绿色的最直观认识，通常草坪上很难见到这么鲜艳的绿色，因此，更多对于这个绿色的印象来自电视和电影，这种鲜艳的绿色是纯粹的绿色，给人生命与活力的感觉，如图10-76所示。

图10-76 草坪绿

3. 苹果绿

苹果绿是一种充满朝气的黄绿色，它的明度中等偏上，非常符合人类的视觉需求，同时是一种鲜亮的色彩，多用于一些表现活泼、青春、童年的题材，如图10-77所示。

图10-77 苹果绿

4. 翡翠绿

翡翠绿的纯度稍高，明度适中，是一种充满魅力的绿色，主要缘由是因为这种色彩取自宝石、翡翠的色彩，具有一定的通透感，并带有优雅、高贵的视觉特性，如图10-78所示。

图10-78 翡翠绿

5. 森林绿

这类绿色的明度比较低，接近于一般意义上的绿色，也接近于自然界中常见的绿色，因此这个色彩对人们视觉上十分熟悉，容易形成稳定和谐的搭配，如图10-79所示。

图10-79 森林绿

6. 墨绿色

墨绿色是常见的绿，浓度非常高，但明度较低，这种绿色具有稳定、厚重的色彩感，多用于需要表达主题稳定的设计中，如电器相关的设计中，如图 10-80 所示。

图10-80 墨绿色

10.5.2 绿色适合的配色方案

绿色是一种让人感到舒适并且亲和力很强的色彩，绿色在黄色和蓝色之间，偏向自然美，宁静、生机勃勃、宽容，可与多种颜色搭配而达到和谐，也是页面中使用最为广泛的颜色之一，如图 10-81 所示为常见的绿色配色方案。

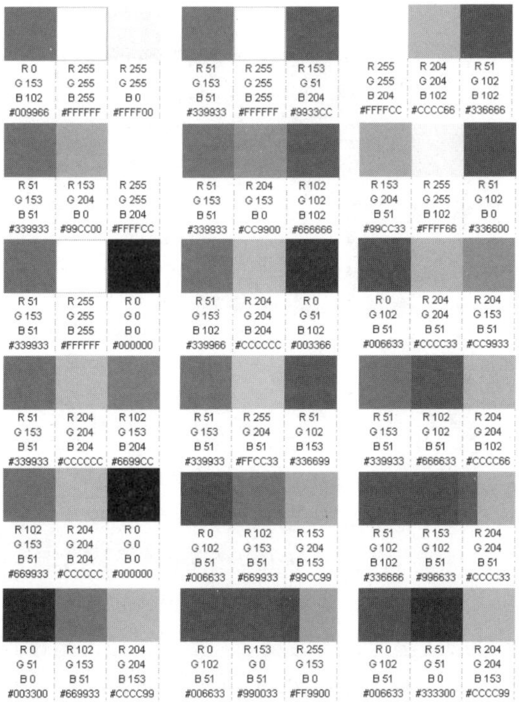

图10-81 常见的绿色配色方案

★ 绿色系的配色方案：★

● 在绿色中黄色的成份较多时，其性格就趋于活泼、友善，具有幼稚性。

● 在绿色中加入少量的黑色，其性格就趋于庄重、老练、成熟。

● 在绿色中加入少量的白色，其性格就趋于洁净、清爽、鲜嫩。

如图 10-82 所示的网页，主、辅色调属于同类色绿色系，通过不同明度的变化，也明显地体现出页面的色彩层次感来。辅助色使用了提高明度的黄绿色和草坪绿，这两种辅色除了增加页面的层次感的同时，还能让整个页面配色有透亮的感觉，增强了绿色的特性。

图10-82 同类绿色系

主色调绿色属性是明度很高的浅绿色，通常情况下明度高，饱和度就降低，饱和度低页面色彩度就降低，除非颜色本身有自己的特性，加上辅助色——橙黄色，整个页面看起来很清淡、柔和、宁静，甚至有温馨的感觉，如图 10-83 所示。

图10-83 浅绿色网页

如图 10-84 所示，该页面有绿色与橙红色的对比色，这组配色严格来说不算对比色，因为色彩多少有些偏差。适当运用不同纯度的、不是相当严格意义上的对比色系组合时，通常能起到的主要作用是主次关系明确。不"标准"的对比色系对比特性虽然减弱，页面色彩看起来容易协调、柔和，但一样能突出主题。

图10-84 绿色与橙红色的对比色

深绿色给人茂盛、健康、成熟、稳重、典雅、开阔的心理感受，如图 10-85 所示。

图10-85 深绿色网页

10.5.3 适用绿色系的网站

绿色通常与环保意识有关，也经常被联想到有关健康方面的事物，它本身具有一定的与自然、健康相关的感觉，所以经常用于与自然、健康相关的网站。如图 10-86 所示为健康药业网站。

图10-86 健康药业网站

黄绿色和草绿色都会让人联想起大自然。黄绿色同时含有黄色和绿色两种颜色的共同特点，也就是说，黄绿色既能表现出黄色的温暖，也能表现出绿色的清新。儿童和年轻人比较喜欢绿色，绿色可以用在一些儿童网站，如图10-87 所示。

图10-87 儿童网站使用绿色

　　绿色还经常用于一些生态特产网站，如图10-88所示；苗木花卉类网站，如图10-89所示；旅游风景区网站如图10-90所示，个人网站如图10-91所示。

图10-88 生态特产网站

图10-89 苗木花卉网站

图10-90 旅游风景区网站

图10-91 个人网站

10.6 蓝色系的配色

蓝色给人以沉稳的感觉，且具有深远、永恒、沉静、博大、理智、诚实、寒冷的意象，同时蓝色还能够表现出和平、淡雅、洁净、可靠等。

10.6.1 蓝色系的分类

在商业设计中强调科技、商务的形象，大多选用蓝色当做标准色，如图10-92所示是蓝色的色阶。

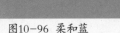

图10-92 蓝色的色阶

1. 淡蓝色

一种十分明亮的蓝色，给人一种明朗天空的感觉，纯度并不高的特性，使它比较容易和其他色彩搭配，多用于和高明度的色彩搭配，营造一种明亮、舒适的整体感觉，如图10-93所示。

图10-93 淡蓝色

2. 粉蓝色

纯度非常低的蓝色，与大多数高纯度蓝色不同的是，粉蓝色的明度稍高，给人优雅、恬静的视觉感，作为主色使用能使整体带有女性气息。作为辅助色常常能为整体带来一丝清凉、干净的感觉，如图10-94所示。

图10-94 粉蓝色

3. 天蓝色

这种天蓝色的纯度相对较高，给人的感觉比较明亮、舒畅，在设计中也经常被使用，特别是在一些科技领域，如图10-95所示。

图10-95 天蓝色

4. 柔和蓝

纯度较低的蓝色，与粉蓝色相近但纯度较高，给人温柔、舒适的感觉，虽然是一种冷色，依然给人柔软的感觉，多用于带有较强设计感的作品中，如图10-96所示。

图10-96 柔和蓝

5. 纯蓝色

蓝色在如今的IT行业中可能是被用得最多的色彩，象征意义是：永恒、真理、真实等，同时给人大海一般博大的感觉，如图10-97所示。

图10-97 纯蓝色

6. 海蓝

纯度高明度较低的青色，是无际大海的色彩，常用来表达对象博大、永恒的特点，在很多企业网站中被用到，如图10-98所示。

网页布局与配色完全学习手册

图10-98 海蓝色

10.6.2 蓝色适合的配色方案

蓝色朴实、不张扬，可以衬托那些活跃、具有较强扩张力的色彩，为它们提供一个深远、广博、平静的空间。蓝色还是一种在淡化后仍然能保持较强个性的颜色。

蓝色是容易获得信任的色彩，蓝色调的网页在互联网上十分常见，如图10-99所示为常见的蓝色配色方案。

图10-100 蓝色与红、黄搭配

如图10-101所示的网页中，主颜色选择明亮的蓝色，配以白色的背景和灰亮的辅助色，可以使站点干净而整洁，给人庄重、充实的印象。

图10-99 常见的蓝色配色方案

蓝色是冷色系的典型代表，而黄、红色是暖色系里最典型的代表，冷暖色系对比度大，较为明快，很容易感染、带动浏览者的情绪，有很强的视觉冲击力。蓝色与红、黄等色运用得当，能构成和谐的对比调和关系，如图10-100所示。

图10-101 蓝色配以白色的背景和灰亮的辅助色

★蓝色系的配色方案:★

●如果在蓝色中分别加入少量的红、黄、黑、橙、白等色，均不会对蓝色的性格构成较明显的影响力。

●如果在蓝色中黄色的成份较多，其性格趋于甜美、亮丽、芳香。

●在蓝色中混入小量的白色，可使橙色的知觉趋于焦躁、无力。

蓝色、青绿色、白色的搭配可以使页面看起来非常干净清澈，如图10-102所示。

图10-102 蓝色、青绿色、白色的搭配

当在蓝色色相、明度上非常明朗的情况下，可以考虑添加中间色，减弱可能造成的单调感，丰富两极色阶的过渡，调和页面的视觉感受，如图 10-103 所示。

图10-103 不同的蓝色搭配

10.6.3 适用蓝色系的网站

蓝色是沉稳的且较常用的色调，能给人稳重、冷静、严谨、成熟的心理感受。它主要用于营造安稳、可靠、略带有神秘色彩的氛围。蓝色具有智慧、科技的涵义，因此机械电子类网站（如图 10-104 所示）、IT 科技类网站（如图 10-105 所示）、证券网站（如图 10-106 所示），都很适合蓝色系。

图10-104 机械电子类产品

图10-105 IT科技类网站

图10-106 证券网站

蓝色很容易使人想起水、海洋、天空等自然界中的事物，因此也常用在旅游类的页面中，如图 10-107 所示。

它是最具凉爽、清新特征的色彩。蓝紫色能体现温馨、淡雅、浪漫的气氛，如图 10-109 所示。

图10-107 蓝色的旅游网站页面

蓝色还具有淡雅、清新、浪漫、高级的特质，常用于女性服装网站，如图 10-108 所示，

图10-108 女性服装网站

图10-109 蓝紫色能体现温馨、淡雅、浪漫

10.7 无彩色的配色

无彩色配色法是指以黑色、白色、灰色这样的无彩色进行搭配。无彩色为素色，没有彩度，但是若将这些素色进行不同的组合搭配，可以产生韵味不同、风格各异的效果。无彩色在颜色搭配上比较自由、随便，难度不大，总能给人以自然、统一、和谐的气氛。

10.7.1 白色的网站

白色物理亮度最高，但是给人的感觉却偏冷。作为生活中纸和墙的色彩，白色是最常用的页面背景色，在白色的衬托下，大多数色彩都能取得良好的表现效果。白色给人的感觉是：洁白、明快、纯粹、客观、真理、纯朴、神圣、正义、光明等。如图 10-110 所示，整个页面以白色为主色调，给人以干净、清爽的感受。

图10-111　灰色的页面

10.7.3　黑色系的网站

黑色是全色相，即饱和度和亮度为 0 的无彩色。较暗色是指亮度极暗，接近黑的色彩。这类色彩的属性几乎脱离色相，即成黑色，却比黑色富有表现力。因此，如果能把握好色相，设计师应尽可能地用较暗色取代黑色。

黑色是一种流行的主要颜色，适合和许多色彩搭配。黑色具有高贵、稳重、庄严、坚毅、科技的意象，许多男装、数码产品类网站的用色，大多采用黑色与灰色，另外黑色也常用在音乐网站中，如图 10-112 所示。

图10-110　白色网站

10.7.2　灰色系的网站

灰色居于黑与白之间，属于中等明度，灰色是色彩中最被动的色彩，受有彩色影响极大，靠邻近的色彩获得生命，灰色靠近鲜艳的暖色，就会显出冷静的品格；若靠近冷色，则变为温和的暖灰色。

灰色在商业设计中，具有柔和、高雅的意象，属中性色彩，男女皆能接受，所以灰色也是永远流行的主要颜色。在许多的高科技产品中，尤其是与金属材料有关的，几乎都采用灰色来传达高级、科技的形象。使用灰色时，大多利用不同的层次变化组合或搭配其他色彩，才不会产生过于平淡、沉闷、呆板、僵硬的感觉。如图 10-111 所示的数码产品站点采用灰色与黑色搭配的页面。

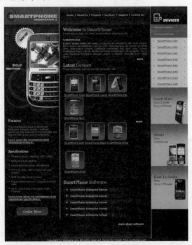

图10-112　黑色的男装网站

第3篇
综合案例解析

第11章 各类网站设计与配色案例解析

本章导读

在确定网页颜色时，要从网站的主题着手，根据不同类型的网站选择最适合的色彩。不同类型的网站要运用不同的色彩，使形式与内容相统一；此外还要对网站目标对象的文化程度、年龄、性别等进行分析，从网页背景、栏目、图片等多角度进行考虑，以确定合适的主色调和辅助色。

技术要点

● 掌握各类网站的特点
● 掌握各类网站页面分析
● 掌握各类网站配色讲解

实例展示

音乐网站

游戏网站

装饰设计公司网站

门户网站

11.1　个人网站

互联网向人们提供了各种展现自我风采的机会，个人网站在网络中也占有非常重要的地位，许多网站都有自己独特的风格。随着网络的飞速发展，越来越多的个人有了自己的个人网站。

11.1.1　个人网站特点

个人网站可以反映出个人的喜好和性格，相对于大型网站来说，个人网站的内容一般比较少。一个成功的个人网站，先期的准备工作是很重要的，好的开始等于成功的一半。有以下主要的问题需要考虑。

❶ 站点的定位：个人网站不可能像门户网站那样发展、求大求全、盲目跟风，最后可能一无所获。因此，准确定位，是个人网站获得成功最关键的一步。

❷ 空间的选择：可以选择免费的空间，也可以申请专门的服务器空间。

❸ 页面内容要新颖：网页内容的选择要不落俗套，要重点突出一个"新"字，在设计网站内容时不能照抄别人的内容，要结合自身的实际情况创作出一个独一无二的网站。在设计网页时，内容要尽量做到少而精，又必须突出"新"。

❹ 导航清晰：页面的链接层次不要太深，尽量让用户用最短的时间找到需要的资料，所有的链接应清晰无误地向读者标识出来。所有导航性质的设置，如图像按钮，都要有清晰的标识，让浏览者看得明白。文本链接一定要和页面的其他文字有所区分，给读者清楚的导向。

❺ 风格统一：网页上所有的图像、文字，包括背景颜色、字体、导航栏、注脚等都要统一风格，贯穿全站。这样浏览者看起来舒服、顺畅，有助于加深访问者对网站的印象。

❻ 色彩和谐、重点突出：在网页设计中，根据和谐、均衡和重点突出的原则，将不同的色彩进行组合、搭配来构成美观的页面。

❼ 界面清爽易读：大量的文字内容要使用舒服的背景色，前景文字和背景之间要对比鲜明，这样访问者浏览时眼睛才不致疲劳，一般来说，浅色背景下的深色文字为佳。文字的规格既不要太小、也不能太大。另外，最好让文本左对齐，而不是居中。当然，标题一般应该居中，因为这符合读者的阅读习惯。

11.1.2　页面分析

个人网站是互联网中色彩最为绚丽的风景，它可以充分展示个性空间。个人网站是丰富多彩的，没有其他类型网站的诸多限制和要求。个人网站的内容与个人爱好、兴趣和创建网站的目的紧密地联系在一起，有的是依据一定的专题信息而创建的网站，有较强的针对性，有的则无针对性，其内容涵盖面较为广泛。

一般个人网站更多的不是追求访问量，而是注重自我观点的表达。这类网站可以最大限度发挥设计者自身的长处和优点，从而展示出自己的实力和设计思想。如图 11-1 所示的个人介绍类网站，宣传介绍自己的作品、影像、博客、留言等。

图11-1　个人介绍类网站

综合案例解析

11.1.3 网站配色讲解

网站内容和网站气氛决定网站用色，个人网站会因设计者的喜好而选择网站的色彩搭配。一些消极情绪是不可以出现在商业网站中的，但在个人网站创作时完全没有这方面的限制。在个人网站中，我们可以看到很多个性极强而又富有尝试精神的色彩搭配。整个网站的页面上采用了紫色与粉色的搭配。如图11-2所示为页面采用的色彩分析。

R 51	R 177	R 244
G 10	G 2	G 25
B 10	B 65	B 121
#330A0A	#B10241	#F41979

图11-2 页面采用的色彩分析

11.2 政府网站

近几年，我国电子政务发展迅速，特别是作为电子政务的重要组成部分，政府网站更是飞速发展。政府网站正在逐步成为人们了解政府工作动态、查阅政府信息、指引公众办事、反映民情民意、实现网上办理事项等的重要服务"窗口"。

11.2.1 政府网站的特点

政府网站建设以"政务公开和行政审批"为重点，以"发布政务信息、提供网上服务、开展互动交流"为宗旨，是宣传政府的窗口、联系群众的桥梁、为民办事的纽带、公开政务的捷径。政府门户网站的功能定位可以简单地概括为四句话，即"发布政府信息、收集公众意见、提供办事指南、受理公众业务"。

❶发布政府信息，即及时介绍本地区的发展概况、投资环境，发布本地政府的最新政策、工作动态、重大决策和重点工程建设情况等，保证广大社会公众对政府工作的知情权，如图11-3所示。

图11-3 发布政府信息

❷收集公众意见，即广泛收集广大社会公众对政府工作的意见和建议，在事关社会民生、市政建设等重大问题做出决策之前，充分听取和吸收社会各界人士的意见和建议，将各项意见和建议进行及时整理和分析，上报给相关政府部门供领导决策参考，同时将处理结果及时进行回复，保证广大社会公众对政府工作的参与权，如图11-4所示。

图11-4 收集公众意见

③提供办事指南，即全面及时公布政府为民服务的服务项目和每一个服务项目的办理程序、依据、办理时限、收费标准，以及投诉程序和渠道等，保证广大社会公众对政府工作的监督权。

④受理公众业务，即解决社会公众"足不出户"在网上就可以办理自己想要办的事情和了解办理的结果，充分享受政府提供的优质服务和生活便利。

政府网站应该以服务公众为宗旨，把网站服务与方便公众办事和直接参与公共管理等要求结合起来，加强了对网站战略、信息资源、办事服务和技术功能等的"垂直"整合和"水平"整合。要让用户方便、快速地找到自己需要的服务，并用最简单的操作方法来完成所有的操作。

11.2.2 页面分析

政府门户网站作为政府提供为民服务的窗口，是有别于娱乐类网站的，作为政府网站，应该大方、庄重、美观、格调明朗，切忌花哨和笨重。在页面设计时要采用友好的网站界面、合理清晰的网站导航、完善的帮助系统、完整的信息和完善的在线服务等，方便网站用户。以简洁清晰为页面设计原则，就需要做到，页

面的栏目数量适中、各栏目之间的分类标准科学明确、每个栏目名称与提供内容相一致。只有这样，才能减少由于网站自身设计问题给用户带来的误导，方便用户接受服务。如图11-5和图11-6所示为政府网站的主页，因为网站的主页比较长，这里一分为二。

图11-5 政府网站的主页1

图11-6 政府网站的主页2

11.2.3 网站配色讲解

在色彩的运用上，政府网站的色调应以沉稳、柔和、较暗的中性色为主，不宜太眩目。当色彩的意义不大时，使用色彩的数量不宜超过五种。如果色彩太多、太乱，则会使整个页面显得很不安宁，并且这种令人眼花缭乱的感觉会分散访问者的注意力，造成访问者的视觉疲劳，妨碍其获取相关信息。同时，色彩要有对比、过渡、平衡，在这些方面，政府与其他网站的设计并没有太多的区别。

前面政府网站的色彩搭配比较沉稳，以蓝色为主，背景以白色为主，正文以黑字为主，因为这类网站信息量比较大，用户需要能够很

清楚地看到内容，从用户体验的角度上讲，应该充分考虑可读性。配色以蓝色为主，兼顾庄重和亲和力，点缀少量红色的色块。如图11-7所示为页面采用的色彩分析。

R 102	R 252	R 218
G 156	G 18	G 249
B 218	B 0	B 254
#669CDA	#FC1200	#DAF9FE

图11-7 政府网站页面采用的色彩分析

11.3　艺术网站

随着网络的发展，出现了许多的艺术网站。艺术网站是一个前卫、个性张扬且很具有欣赏价值的网络展示平台，成功的艺术网站是技术、艺术和创意的有机组合。

11.3.1 艺术网站的特点

艺术网站设计最重要的是营造独特的视觉氛围，运用各种设计表现手法和技术达到与众不同的目的。无论是色彩搭配或布局设计都需要新鲜的创意，要做到这点需要不断努力和细心观察。艺术网站不仅要拥有高质量的图像，还要考虑网站空间容量，从而合理地构成页面。艺术网站更趋向于个性化、先锋化，追求设计感，需要高度的和谐与美感。

每个艺术网站都有其自身的特点，这些特点就是该网站的艺术灵魂，设计这类网站除了拥有本身的设计创意外，还要有长期制作网站

的经验积累，在设计艺术网站时要注意以下要点。

❶ 个性化：个性化是艺术类网站的重要特点，个性化的艺术网站更能突出艺术特色。

❷ 艺术性：艺术是该类网站的内在表现，只有设计出艺术效果的网站，才能更加突出该类网站的本身要求。

❸ 技术性：先进的技术能保证将所要传达的信息完美表现出来，应用多种技术充分展示网站的特色，吸引浏览者的注意。

11.3.2 页面分析

艺术网站的页面一般使用简单的布局方式、方便的导航栏和和谐的配色。要考虑留白和色彩的均衡，根据一定的内容整理出利落的布局，网站配色追求和谐的美感，无论是淡雅迷人，还是另类大胆，都要让人感觉欣赏这个网站是一个非常愉悦的过程。

非常规的艺术类网站在页面格局上比较自

由，这样的站点风格自由、怪异、新颖，让信息内容决定页面设计，不过如果图片数量过多，应注意考虑下载速度等。如图 11-8 所示为非常规的艺术站点的页面布局。

图11-8 非常规的艺术站点的页面布局

常规类艺术网站在页面格局上多选择分栏式或区域排版式的框架设计。这样的站点适合综合艺术类网站。浏览这部分信息的人对美感要求比较高，所以这类网站的页面应注意细节修饰，给人精致的感觉。如图 11-9 所示为综合艺术类站点的常规页面布局。

图11-9 常规艺术网站

11.3.3 网站配色讲解

上面网页里的红色纯度较高，但明度却不高，给人一种厚重、古典的感觉、也有强烈的视觉冲击，与灰色的搭配使这种红色显得华丽，整体上明度差异不是很大，灰色与红色的搭配在现代设计中十分常见。如图 11-10 所示为艺术网站页面采用的色彩分析。

R 39	R 214	R 239
G 0	G 219	G 195
B 0	B 222	B 140
#630000	#D6DBDE	#EFC38C

图11-10 艺术网站页面采用的色彩分析

11.4 在线视频网站

随着宽带的迅速发展，出现了许多在线视频网站。通过在线视频，在家里即可随心所欲地点播自己想看的电影和视频。

11.4.1 在线视频网站的特点

视频网站是指以通过互联网或局域网等传播电影、电视剧、电视节目和网友自制的音视频节目等为主的站点。

一般视频网站用户体验较好，不需安装软件，可即点即播；对服务器及带宽占用较大，运营成本较高；内容多，且多为网友上传。

11.4.2 页面分析

从页面结构上分析视频网站不难发现，很多视频网站的页面都比较长，由于内容包含大量的图文信息，因此页面结构多采用简洁、实用的分栏布局，超长的页面中信息分门别类，布局合理。

如图 11-11 和图 11-12 所示为国内知名的视频网站乐视网，可以看到这个视频网站的页面设计时有以下特点。

图11-11 视频网站乐视网1

图11-12 视频网站乐视网2

● 网站的视频内容丰富，视频内容涵盖电影、电视剧、综艺、音乐等，满足网民们各个方面的需求。

● 在线观看方便，有辅助工具，可支持网络视频缓冲加速，可支持视频下载。只需免费注册账号即可。

● 视频内容具有时效性。特别是新闻视频，能够以最快速度更新新闻栏目，而其他的电影和电视剧视频也能够及时地更新。

● 新闻视频能够很好地把握住热点、焦点新闻，第一时间向网民传递信息。

● 网站对于视频的管理比较严格。能够定期进行审核，对一些不健康的视频进行删除，确保了网络文化的安全。

● 注重顾客体验，设有观看记录，以及视频联想搜索，能够记录网民上次观看的视频时间和进度，以及根据网民观看的视频搜索出可能喜欢观看的视频。

11.4.3 网站配色讲解

越来越多的人选择观看在线视频，同时也有很多的网站提供在线视频服务。这类人一般以年轻人为主，所以网站设计风格一般以清晰、动感和活泼为主，采用流行的色彩给人视觉上的冲击，同时要能突出视频内容。

在设计视频网站时，其色彩搭配可以大胆使用不同色系，以表现视频的不同内涵给人们的感受。乐视网属于视频门户网站，页面设计时采用了红色和浅灰色，配以大量视频图片的应用，从而表现出视频网站的主要诉求。如图11-13所示为乐视网站页面采用的色彩分析。

R 146	R 228	R 235
G 35	G 89	G 232
B 37	B 60	B 232
#922325	#E4593C	#EBE8E8

图11-13 乐视网站页面采用的色彩分析

11.5 音乐网站

随着计算机的普及，互联网以其强大的传递、沟通、分享信息的能力，使人类冲破了时间和空间的限制，构造了一个人类共同的精神家园。20世纪90年代后期，随着国际互联网技术的快速发展和计算机多媒体、计算机音乐技术的日趋成熟，计算机除了能传递文字、图像，还能传递动态视频和音频信息。由此，音乐网站逐渐走入众人的视线。

11.5.1 音乐网站的特点

音乐是每个人的最基本需求之一，也是许多人一生最永恒的兴趣之一。所以，许多音乐网站的创立者最开始都是基于对音乐的喜好来做的，但是，后来发现用户多了，网站大了，才开始进行商业化运做。音乐网站要以其自身的文化特点为设计依据，最终的网站风格应当与要营造的气氛相适应。

11.5.2 页面分析

如图11-14所示是一个音乐网站。网站结构的设计展示出突出的个性风采。除此以外，网站的色彩设计也相当特别，背景色为渐变色，

不同栏目通过不同形状的橙黄色修饰结构框架，形成特殊的、带有时尚色彩的页面风格。

图11-14 音乐网

11.5.3 网站配色讲解

在音乐类网站中，浏览者的视线通常被那些明星的各类新闻所吸引，这类站点最突出的不是时尚感，而是娱乐圈的纷乱味道，以及音乐和电影的感觉。这类感觉很容易达到，插图选用明星照片、电影海报、CD封套等就可

以达到想要的感觉。色彩可以选择艳丽一些的，图片设计和字体排版设计显得尤为重要，把握不准时可以参考一下同类的音乐网站。如图11-15所示为上面的音乐网站页面采用的色彩分析。

R 226	R 255	R 115
G 53	G 179	G 216
B 46	B 0	B 13
#E2352E	#FFB300	#73D80D

图11-15 音乐网站页面色彩分析

11.6 游戏网站

随着计算机网络的飞速发展，创建了越来越多的网站。这些网站中不仅仅有企业展示网站、电子商务网站，还有专门供浏览者休闲娱乐的游戏网站。

11.6.1 游戏网站的特点

随着网络的迅速发展，网络游戏也进入了千家万户，网络游戏是当今网络中热门的一个行业，许多门户网站也专门增加了游戏频道。游戏网站主要有以下几种。

1. 综合游戏类

这类网站以提供游戏的攻略、秘籍、新闻、补丁等诸多内容为主，其特点是更新速度快、内容庞大、商业化方便，如图11-16所示为综合游戏类网站。

图11-16 综合游戏类网站

● 这类网站内容越丰富、容量越庞大越好，涉及面广，分类要细，查询方便。

● 保证较高的更新频率，建议采用程序自动生成页面的方式进行维护，这样可减轻工作量。

● 因为此类网站随着时间的推移，容量定会急剧增加，因此千万记得用硬盘备份网站的数据。同时注意在搜集补丁、上传游戏的过程中不要产生过多的版权纠纷。

2. 专题游戏网站

这种网站是游戏类网站中最常见的，通常是某一款游戏相关的内容。这类专题游戏网站，突出的是个"专"字，界面越精美越好，此类网站通常没有很多内容可以更新。如图11-17所示为专题游戏类网站。

图11-17 专题游戏类网站

3. 游戏下载类网站

游戏下载类网站就是提供下载的网站，这类网站要求服务器的空间非常大，这样才能为访问者提供各种各样的游戏下载。如图11-18所示为游戏下载类网站。

图11-18 游戏下载类网站

11.6.2 页面分析

游戏网站是娱乐网站的重要组成部分，通常根据不同游戏，该类网站具有不同的结构和风格。一般都会有突出页面焦点的部分，例如，造型极富动感的游戏人物造型、华丽的游戏场景等，都会给访问者带来非常独特的视觉感受。很多游戏网站都会在页面中使用游戏人物或游戏场景，这不但能使页面更为丰富活泼，也更贴近与游戏玩家的心理距离。

游戏类网站由于本身固有的强大娱乐性，具体游戏的网站应以游戏本身的文化特点作为设计的切入点。如图11-19所示，游戏网页设计主体明确，色彩以红色和黑色为主，采用金属风格的结构框架，插图选择的是游戏场景。

图11-19 游戏网站

综合案例解析

11.6.3　网站配色讲解

网络游戏的网站与传统游戏的网站设计略有不同，一般情况下，矢量风格的卡通插图为主体，色彩对比比较鲜明，多采用古典风格的黑色、红色为主的色调。这类网站设计风格轻松活泼、时尚另类、有较大的发挥空间。渐变的背景色彩使页面看起来十分明亮，少许立体感的游戏风格使页面看起来十分可爱，带有西方童话色彩的框架设计使网站看起来十分特别。如图11-20所示为上面的游戏网站页面采用的色彩分析。

R 34	R 177	R 254
G 34	G 0	G 168
B 34	B 0	B 2
#222222	#B10000	#FEA802

图11-20　游戏网站页面采用的色彩分析

11.7　婚恋交友网站

随着网络的飞速发展，出现了许多专业的婚恋交友网站，各大门户网站也纷纷开设婚恋交友频道，就连一些访问量不高的地方网站也都挂上一个婚恋交友的栏目。网络婚恋交友既轻松自由，又方便快捷，更不受地域限制，所以各种婚恋交友网站应运而生。

11.7.1　婚恋交友网站的特点

互联网为中国的年青一代在婚恋交友中提供了无限广阔的空间，甚至推动人们恋爱行为的改变，与传统的择偶方式相比，通过互联网择偶具有无与伦比的优势。婚恋网站是指以婚姻交友为主题，以婚介、组织交友活动等服务为主题的网上站点。伴随着互联网的兴起，全球的婚恋网站也得到了迅速的发展，并且逐渐成为婚介新趋势。婚恋网站帮助单身男女最省时、最高效地找到美满姻缘。

婚恋交友网站通常有如下特点。

● 不同于泛化的社交平台，目前国内大型的婚恋网站通常都定位自己为"严肃的婚恋网站平台"，并将目标瞄准了社会上所有以结婚为目的的单身男女。他们的用户基数足够大，确实能够为单身男女提供丰富的异性资源，解决了他们生活圈子过小的问题。

● 与传统的线下相识不同，线上认识异性的时间灵活度更高。用户现在可以将上下班的各种碎片化时间有效利用，根据自己当天的状况和需求查看异性的资料，或者跟他们聊天互动，而这类沟通持续的时间通常也不会很长。与线下见面拿出一晚上，或者西装革履相比，这种认识的方式显得不那么兴师动众，门槛也更低了。

● 网络互动实际还是一种"隔着一层面纱"的互动，从用户行为的角度来说，有些在陌生人前羞于出口不怎么活跃的用户，在网络上倒是巧舌如簧、游刃有余。这些婚恋网站同时为他们打开了交友的一扇大门。

11.7.2 页面分析

婚恋交友网站服务的核心竞争力是如何有效实现高效率的匹配，从而为用户创造价值。网络交友的效率提高和网络交友环境的净化是未来竞争的关键，在页面中有快速搜索查询系统，可以很方便地查找到自己需要的对象。各个婚恋网站有一个共同的特点就是在网页中提供很多成功案例，从而增加网站的说服力，以吸引更多的人去注册。如图11-21所示为钻石婚恋交友网站。

图11-21　钻石婚恋交友网站

11.7.3 网站配色讲解

网站在设计制作的时候，我们常常会考虑到网站的框架、色彩、主题、效果，从上到下的信息排版效果，就像铺地砖一样，讲求无缝连接，如果连接不好就有瑕疵，这样整体就大打折扣了。钻石婚恋交友网站在色彩方面，采用棕色作为网站的主色调，总体上给人高雅、浪漫、温馨、富有格调的感觉。如图11-22所示为钻石婚恋交友网站页面采用的色彩分析。

R 19	R 226	R 84
G 10	G 205	G 26
B 3	B 150	B 12
#130A03	#E2CD96	#541A0C

图11-22　钻石婚恋交友网站页面色彩分析

11.8　旅游网站

随着经济的发展和人们生活的富裕，旅游业也飞速发展。据世界旅游组织预测，中国将成为21世纪全球最大的旅游市场。与此同时，旅游行业电子商务也成为旅游业乃至互联网行业的热点之一，它的赢利前景更是为业界所看好。

11.8.1 旅游网站的特点

在互联网飞速发展的今天，我们又多了一个旅游的好帮手——旅游类网站。目前，我国有多种专业旅游网站，这些网站主要分为五大类。

❶ 大型综合旅游网站，如携程旅行网，主要为旅游者提供包括"吃、住、行、游、购、娱"等六大要素在内的全部旅游资源，提供全国各地的旅游信息查询，游客也可以直接进行网上订票订房、订线路等，如图11-23所示。

图11-23 大型旅游网站——携程旅行网

这类旅游网站信息更丰富、经营方式更合理，游客可在网站里收集文字、图片、游记、评论，以及目的地的景点、食宿和交通等详尽的信息，还可通过链接和搜索引擎带你漫游相关网站。

❷ 旅行社类网站，可以提供网上线路、网上订线路、网上多家银行提供信用卡支付等服务，如图11-24所示。

❸ 度假村及预定类网站，主要提供度假村的服务和设施介绍，并开辟预定业务，如图11-25所示。

图11-24 旅行社类网站

图11-25 度假村及预定类网站

④航空公司及机票预定类网站，主要提供航班信息、机票、预定服务和其他专业服务，如图 11-26 所示。

图11-26 航空公司机票预定类网站

⑤景区及地方性旅游网站，主要提供地方性旅游景点、旅游线路、服务设施等信息，有一些也涉及网上预定业务，如图 11-27 所示。

图11-27 景区旅游网站

借助互联网能够解决游客行、吃、住、游、玩一体化的需求，同时还由于旅游也作为一个整体的商业生态链，涉及到旅行服务机构、酒店、景区和交通等，利用互联网可以将这些环节连成一个统一的整体，进而可以大幅提高服务的水平和业务的来源。

11.8.2　页面分析

一想到旅游，很容易让人联想到森林、公园、海洋等，绿色、蓝色都很适合这类站点。这类站点的插图可以选择名胜古迹、风土人情等各种图片，这些图片放在网页上会给人带来憧憬。在主页顶部插入景区的风景图，一下子就能让人感觉到景区的外貌和周围的风景，吸引人的注意力，如图 11-28 所示。

图11-28 舟山旅游网站

旅游网站的图片是营造气氛的最主要手段，图片可以传递更多的信息，这种信息是无法运用一种色彩或两种色彩表现出来的。除此之外，音乐的作用也十分重要，很多旅游网站中都使用了背景音乐。这些音乐可以使视觉设计更加完美，给浏览者留下更深的印象。

11.8.3　网站配色讲解

旅游网站是充满活力、色彩鲜明的网站，色彩和网站的活力，不仅仅体现在 Flash、图片的多少，更多地在于怎样去把图片、色彩、动画进行合理的搭配和布局。

综合案例解析

这个网站使用明亮色调的蓝色为主色，配以绿色、青色等为代表的明亮色彩，蓝色和青色的搭配很符合游客心理，更是海岛旅游的一个很好体现。如图 11-29 所示为旅游网站页面采用的色彩分析。

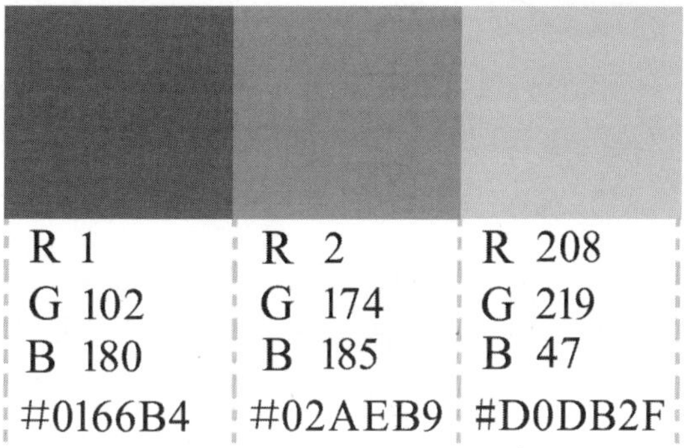

R 1	R 2	R 208
G 102	G 174	G 219
B 180	B 185	B 47
#0166B4	#02AEB9	#D0DB2F

图11-29 旅游网站页面色彩分析

11.9 医疗保健网站

由于生活水平的提高，人们对自身健康也越发重视，再加上网络的普及，人们随时都可以上网查询或学习医学和健康方面的知识。当然，众多的医药生物科技公司、医院或个人也会将相关的知识发布到网络上，所以医疗保健方面的网站也越来越多。

11.9.1 医疗保健网站的特点

医疗保健网站主要用于医疗、保健、生技等单位发布和宣传有关医学、健康方面的知识。网站的具体功能包括通过网络发布医疗保健咨询、医患互动交流、客户咨询回馈、健康资讯查询等。不同的医疗保健机构因为服务项目不同，所建立的网站内容、设计风格等方面也不相同。医疗保健网站不同于其他类型的网站，内容的编辑和网站的制作都要以认真、严谨、负责任的态度来进行。

建立医院网站一般应遵循以下设计特点和原则。

1. 宣传性

医院网站应对医院实力及亮点进行充分展示，突出医院救死扶伤的良好形象。

2. 服务性

网站应能够提供各项在线服务，如网上挂号、网上费用查询、网上医药咨询、网上选择医生等，尽可能多地提供网上服务。

3. 实用性

网站所提供的各项信息、服务等内容要做到充实而实用，尽可能地满足不同层次及人群的医疗、保健服务需求。

4. 人性化

网站设计应体现以病人为中心的现代医学模式，要从病人的角度考虑，把病人在就医前、就医过程中和出院后可能会遇到的问题及解决方法，作为医院网站的重要内容，突出人性化特征。要通过引导性文字语言、图形语言、个性互动等方式，使网站平台更利于客户浏览。

5. 美观性

良好的视觉效果与强大的服务功能同等重要，可以突出医院的文化特色与定位。

6. 交互性

建立异步沟通系统，如帮助中心、留言板、操作指南等，以方便浏览者与医院之间的沟通；建立同步沟通系统，如在线咨询、电话反馈、预约挂号等，以达到即时双向沟通的目标。

7. 方便性

医院的网站需要操作简便、易用、内容分布合理、符合浏览者的行为习惯。

8. 界面友好性

医院网站要力求做到以下几点。

● 文字内容要简洁、重点突出，字体、字号、字型都要合适。

● 界面处理动静结合而适当。

● 布局合理、、简洁、协调、美观，画面要均衡。

● 同样的界面要具有一致性和连贯性的行为。

● 各种提示信息要简单、清晰。

11.9.2　页面分析

由于医疗保健网站是服务广大群众的服务性网站，因此，其设计风格和页面配色都要适合大众浏览。设计上应该注重沉稳、大方、结构清晰。如图 11-30 所示的医疗网站蓝天白云的背景给人轻松的感觉，绿色则带来健康的感觉，大面积的白色突出了主题，整体既简洁又和谐。蓝色是医疗保健类网站中经常用到的颜色，如天空般的蓝色带给人纯净、自然的感觉。

图11-30　医疗网站

11.9.3　网站配色讲解

医疗保健类网站配色上不能太夸张、耀眼或妩媚，要使用积极、正确、客观的整体风格，引导用户浏览网站，颜色方面最好选用温和、亲切、自然的颜色，不要选择过于沉重的色彩。如图 11-31 所示为医疗保健类网站页面采用的色彩分析。

R 47	R 126	R 205
G 199	G 193	G 225
B 213	B 255	B 248
#2FC7D5	#7EC1FF	#CDE1F8

图11-31　医疗保健类网站页面色彩分析

11.10 设计装饰类网站

设计装饰类网站集中了网络上最酷、最新的网页设计。很多设计装饰类网页在设计上十分前卫，可以在第一时间给浏览者带来一种震撼和快感。

11.10.1 设计装饰类网站的特点

设计装饰类网站最重要的是营造独特的视觉氛围，运用各种设计表现手法和技术达到与众不同的目的。无论是色彩搭配或布局设计都需要新鲜的创意，要做到这点需要不断地努力和细心地观察。设计装饰类网站不仅要拥有高质量的图像，还要考虑网站空间容量，从而合理地构成页面。设计装饰类网站更趋向于个性化、先锋化，追求设计感，需要高度的和谐与美感。

设计装饰类网站的页面一般使用简单的布局方式、方便的导航栏与和谐的配色。要考虑留白和色彩的均衡，根据一定的内容整理出利落的布局，网站配色追求和谐的美感，无论是淡雅迷人，还是另类大胆，都要让人感觉欣赏这个网站是一个非常愉悦的过程。

编排网页上的文字信息时需要考虑字体、字号、字符间距、行间距、段落版式、段间距等许多要素。从美学观点看，既保证网页整体视觉效果的和谐、统一，又保证所有文字信息的醒目和易于识别。"对比"是另一个设计和编排文字信息时必须考虑的问题。不同的字体、不同的字号、不同的文字颜色、不同的字符间距在视觉效果上都可以形成强烈的对比。精心设计的文字对比可以为网页空间增添活力，而过于泛滥的对比因素也会让整个网页混乱不堪。

11.10.2 页面分析

如图 11-32 所示为装饰公司网站的首页，这是网站的第一页面，整个网站的最新、最值得推荐的内容都在这里展示，以达到整个公司的企业形象的和谐统一。在制作上采用动态页面，系统可以调用最新的"新闻动态"和"装修知识"在首页显示。在内容上，首页以案例展示为主，主要以图片的形式来给网站浏览者以第一视觉冲击力，主要有"公司简介"、"装修资讯"、"家装工程"、"工装工程"、"团队精英"、"装修流程"、"我要装修"、"诚聘英才"等具体内容。在页面设计上，注重协调各区域的主次关系，以营造高易用性与视觉舒适性的人机交互界面为终极目标，给浏览者耳目一新的感觉，加深对企业的印象。

图11-32 装饰设计公司网站页面

11.10.3 网站配色讲解

这个装饰设计公司网站采用简洁、大气、流畅的版面设计，使之富有现代时尚感。网站各板块清晰、明确，彼此协调配合，突出大气形象。如图 11-33 所示为装饰设计公司网站页面采用的色彩分析。

R 95	R 142	R 230
G 43	G 114	G 224
B 21	B 49	B 208
#5F2B15	#8E7231	#E6E0D0

图11-33 装饰设计公司网站页面色彩分析

11.11 房地产网站

进入 21 世纪，互联网正以迅雷不及掩耳之势进入到各行各业。房地产业，这一关系到消费者切身问题——衣、食、住、行的行业，当然也不例外。房地产公司上网，可充分发挥现代网络技术优势，突破地理空间和时间局限，及时发布公司信息，宣传公司形象并可在网上完成动态营销业务。

11.11.1 房地产网站的特点

21 世纪是以数字化、网络化与信息化为特征的新经济时代。房地产业必须积极引入网络化经营观念，科学制订房地产营销网站的发展规划和功能设计。

房地产项目上网，结合楼盘的特点，配合楼盘的销售策划工作，利用网络技术在网上进行互动式营销，突出楼盘的卖点，及时介绍工程进展情况，配合现场热卖进行网上动态销售情况介绍、预售情况介绍及按揭情况介绍，并提供网上预售、网上咨询等服务。

房地产企业上网，可充分发挥现代网络技术优势，突破地理空间和时间局限，及时发布企业信息（如楼盘、房产、建筑装饰材料等）、宣传企业形象，并可在网上完成动态营销业务。

11.11.2 页面分析

房地产类网站首先需要有介绍企业信息的文字内容，但如果是大段的文字就过于枯燥了，很少有浏览者从头到尾地仔细阅读。房地产网站的目的是为了提升企业形象，希望有更多的人关注自己的公司和楼盘，以获得更大的发展，因此网站还需要楼盘展示部分。页面的插图应以体现房地产为主，营造企业形象为辅，尽量做到两方面能够协调到位。

如图 11-34 所示的房地产网站页面设计体现房地产的大型企业形象，在框架编排、色彩搭配，以及 Flash 动画的适当穿插都做到恰到好处，使整个网站在保证功能的前提下，给浏览者带来良好的视觉享受和时代动感。

图11-34 房地产网站页面

11.11.3 网站配色讲解

对于房产开发企业而言，企业的品牌形象至关重要。买房子是许多人一生中的头等大事，需要考虑的方面也较多。因开发商的形象而产生的信心问题，往往是消费者决定购买与否的主要考虑因素之一。

房地产网站设计要大气，色彩不能花哨，最好单色为主，常用红色或蓝色为主色调。如图 11-35 所示为房地产网站页面采用的色彩分析。

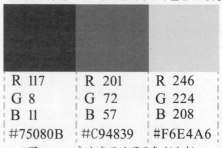

R 117	R 201	R 246
G 8	G 72	G 224
B 11	B 57	B 208
#75080B	#C94839	#F6E4A6

图11-35 房地产网站页面色彩分析

11.12　餐饮酒店网站

随着互联网的飞速发展，不仅涌现出了很多个人网站和商业网站，也产生了很多的美食餐饮酒店网站。

11.12.1　餐饮酒店网站的特点

中国餐饮行业的快速增长，不仅活跃了餐饮市场，而且也让市场竞争异常激烈。一方面使一些经济实力雄厚、菜品特色突出、管理经验独到的餐厅迅速扩张；另一方面也使那些没有管理经验、初入行业的小餐厅迅速倒闭。眼前的利润和背后的风险使餐饮企业始终处于风口浪尖。正是由于这些行业特点，促使一些餐饮经营企业建立自己的企业网站，希望通过互联网信息传播便捷、及时的特点来扩大知名度、招揽新客源、提高竞争力。同时，也有一些行业组织和社会团体也纷纷跟进，搭建了行业综合网站，试图将互联网和餐饮业这两个同样高速增长、同样受大众关注的行业结合到一个平台上，通过这个平台来寻找新的赢利模式。餐饮企业也好，行业协会也好，社会团体也好，看好互联网本是行业大发展后的产物，是顺理成章的事。

业内人士按照网站的日常业务范围和习惯大致把它们分成了四大类：酒店类网站、订餐类网站、点评类网站及门户类网站。尽管模式不一，但各网站看重的都是网络，包括线上的互联网，也包括线下的餐厅、电话网络。几乎所有的网站都坚持这样三条腿走路，只不过他们的侧重点有所不同。

餐饮酒店类网站是"传统经济＋互联网"的模式，依附于传统经济餐饮业，用互联网的手段去提供服务。相当于一个餐饮业中介，代消费者向餐厅提供预订，一方面给消费者提供折扣，一方面给餐厅带去客源。

11.12.2　页面分析

餐饮酒店类网站是与生活相关的网站。网站的特点一般是较为实用、贴近生活、内容包罗万象，其设计风格也比较多元化，可以华丽动感，也可以时尚高雅，这主要由网站内容来确定的。常见的餐饮酒店类网站设计风格如下。

❶ 华丽型：华丽型的酒店网站，其版面设计一般较为正规、工整，在色彩搭配上采用暗红、黄色等，以表现其华丽的特点。该类型的网站通常应用在档次较高的酒店或饭店。如图 11-36 所示为华丽的酒店网站。

图11-36　华丽的酒店网站

❷ 清爽型：清爽型的餐饮网站，其版面设计较为简洁、干净，在色彩搭配上一般以白色或明青色的冷色为主，该类型的网站通常应用于冷饮、饮料等生产公司。如图 11-37 所示为清爽型网站。

图11-37　清爽型网站

❸古典型：古典型的餐饮类网站为了突出其古典的风格，一般会在页面中采用具有文化底蕴的图像和文字进行装饰，该类型的网站通常应用于具有文化氛围的茶馆等。如图11-38所示为古典型茶馆网站。

图11-38 古典型茶馆网站

11.12.3 网站配色讲解

由于年龄、性别、宗教信仰、地域等不同客户所表现的色彩需求与偏好会有很大的差异。餐饮网站在色彩选用与搭配时应注意如下原则。

❶需要全面考虑不同民族文化和宗教背景，避免出现民族和宗教禁忌。

❷要考虑消费者年龄段和性别对色彩偏好的影响。一般来说，青年女性与儿童大都

喜欢单纯、鲜艳的色彩；职业女性最喜欢的是有清洁感的色彩；青年男子喜欢原色等较淡的色彩，可以强调青春魅力；而成年男性与老年人多喜欢沉着的灰色、蓝色、褐色等深色系列。所以，要根据自身产品的目标对象设计选择色彩，选择目标顾客所喜欢的配色。一些以男性为主要服务对象的茶馆，一般利用淡黄色或绿色。

目前世界的普遍潮流是环保与亲近自然。所以，在进行色彩搭配时，可以根据餐饮网站的实际情况运用模仿自然的色彩搭配方法。这种色彩搭配方法是以自然景物或图片、绘画为依据，这些模仿自然或图片的色彩搭配能使人联想到大自然，给人以清新、和谐的感觉。如图11-39所示为古典型茶馆网站页面采用的色彩分析。

R 0	R 34	R 195
G 106	G 151	G 238
B 85	B 124	B 195
#006A55	#22977C	#C3EEC3

图11-39 古典型茶馆网站页面的色彩分析

11.13 新闻网站

随着网络的发展，作为一个全新的媒体，新闻网站受到越来越多的关注。它具有传播速度快、传播范围广、不受时间和空间限制等特点，因此新闻网站得到了飞速的发展。

11.13.1 新闻网站的特点

新闻网站依据其不同定位具有各自的特点，但是一般的新闻网站设计时要注意以下五个特点。

1. 新闻的真实性

真实性是新闻的第一要素，真实地反映每时每刻的新闻热点，突出新闻的客观性和完整性，这也是众多媒体得以生存的第一要素。

2. 新闻的时效性

新闻时效性就在于适时性和准确性，也就是在第一时间采集新闻，第一时间发布新闻，才能保证新闻的时效性。

3. 新闻的公开传播性

新闻是公开的、直接的，只有大众的新闻、老百姓的新闻，才能被人民所接受，才能反映新闻作用。特点是在今天网络快速发展的时代，公开传播新闻适合时代的要求。

4. 互动性

网络媒体相对于传统媒体来说，互动性强是它的一个强大优势。新闻网站的交互特性也使新闻资讯和评论具有很强的互动性。人们可以通过网络这一媒体发布新闻，参与新闻评论。

5. 超长的页面

新闻网站页面都有一个显著特性，那就是超长的页面布局。因为要放置大量的新闻资讯信息，最为有效的办法就是采用长页面的设计布局，采用分栏结构规划。

11.13.2 页面分析

近年来，众多报刊对上网及网站的建设、经营呈现出越来越高的热情，不少新闻媒体都在互联网上建起了自己的网站。下面就介绍一下新闻网站主要的页面。

1. 新闻网站主页

浏览者打开网站，呈现在眼前的就是网站的主页。主页是网站形象的集中体现，其对整个网站的影响是不言而喻的。由于新闻网站的主要功能就是发布新闻，因此新闻网站的主页应围绕新闻而展开。新闻网站的主页应由滚动式的即时新闻、热点与专题、站内新闻搜索、互动性等部分组成。

● 即时新闻，强调时效性，着重于一个"快"字。

● 热点与专题，强调专业性，着重于一个"专"字。

● 站内新闻搜索，则以整个新闻网站内置的数据库为依托，强调一个"全"字。

● 互动性板块是提升整个网站人气的一个重要组成部分，这一板块包括各种论坛、BBS、聊天室、留言板等，是网站与浏览者沟通交流必备渠道。

人们登录新闻网站，主要是获取各种新闻性信息，因此新闻网站的首页应显示出紧凑的布局。首页一般在两屏以上，网页第一屏内容的安排尤其重要，因为有的人可能不想往下拉，很可能只看默认的第一屏，所以需要将网站的重点内容和基本服务都安排下，在安排内容时要有"寸土寸金"的意识。

2. 新闻详细内容页

新闻详细内容页是新闻网站的最终文章页面，是全部由内容组成的页面，是链接关系的终点。一般在新闻详细内容页上还会有链接，包括为方便浏览而设的导航性链接，提供相关内容的相关性链接，提供检索、讨论、把正文发送邮件或短消息、打印等服务的服务性链接。如图11-40所示为新闻网站的详细内容页面。

3. 标题列表页

标题列表页是同类新闻的十几个、几十个标题的列表页面，是全部由链接组成的页面。同样，标题列表页上也可能有辅助性链接。但是，无论从功能上还是从外观上讲，没有过多辅助内容，它的用途是罗列清楚新闻网站同一类新闻文章的全部内容。如图 11-41 所示为新闻网站标题列表页面。

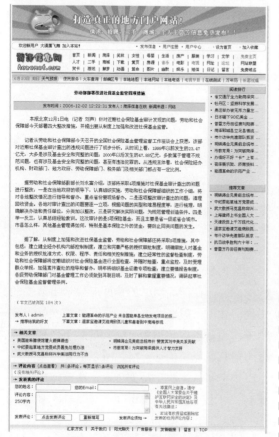

图11-40 新闻网站的内容页面

图11-41 新闻网站标题列表页面

4. 图片新闻

一般来说，新闻网站还有图片新闻，用于生动形象地展示重要的新闻信息，如图 11-42 所示。

图11-42 图片新闻

11.13.3 网站配色讲解

新闻网站页面的风格应当沉稳、简明、大方。与商业网站的五彩缤纷的色彩和个人网站的简洁淡雅相比，新闻网站一般采用稳重、和谐的色彩作为首页的主色调。即以一两种基色的搭配为主色，再配合辅助色来显示新闻网站富有竞争力的特性。

专业的新闻网站在栏目划分上可以使用色彩作为区分。不同栏目使用不同色彩，能很好地体现网站的专业特色。别具匠心的色彩不但使各栏目独具特色，还能很好地与网站整体保持和谐一致，是目前较为流行的做法。如图 11-43 所示，菏泽新闻网采用红色为主色，各个栏目使用不同色彩的标题区分。如图 11-44 所示为新闻网站页面采用的色彩分析。

R 198　　R 255　　R 24
G 40　　G 195　　G 203
B 49　　B 115　　B 0
#C62831　#FFC373　#18CB00

图11-44　新闻网站页面色彩分析

图11-43　采用红色为主色，不同栏目使用不同色彩

11.14　教育网站

教育网站一般分成两类，一种是纯粹的远程教学网站；一种是教育科研机构宣传性网站。

11.14.1　教育网站的特点

一个大型的教育类网站的开发是一项复杂的系统工程，它涉及教育、心理、声像艺术、计算机软硬件、通信、网络、管理等各个领域，需要各类专业人员通力合作，共同完成。当然，前面提到的都是针对大中型教育网站开发项目

而提出的要求和建议。对于一些小型教育网站面对的学习对象是部分学生，规模很小，因此网站的各项建设由一人担任即可。

随着网络技术的发展，全国各大教育机构都有了自己的网站，设计教育网站主要有以下几点注意事项。

❶在颜色搭配上，主要以绿色和蓝色为主，给人以一种清淡明亮的感觉，切忌大红大紫。

❷网页特效运用得少，大多数该类网站只用些动态文字或时钟，别的什么都不用，这

样做是为了加快下载速度。

❸有的大学网站设置了中文和英文两种版面。这样做不仅能满足一些国外浏览者，而且还能吸引一部分国内英语迷，这对扩大学院的知名度和影响范围有一定的帮助。

11.14.2 页面分析

1. 在线教学网站

目前调查显示，相当部分的学生已具备了计算机和互联网知识，而且绝大部分的学生有过上网的经历，他们不喜欢教案式、参考书式的网上内容，而更喜欢生动的、新鲜的、交流互动性强的学习内容。如图 11-45 所示的在线教学网站，网站内容新颖、生动、交互性强，使学生轻松掌握知识，同时激发了他们的学习兴趣。

图11-45 在线教学网站

2. 教育科研机构网站

如图 11-46 所示，电子科技大学中山学院网站就是典型的教育机构网站。首页上的 Banner 背景色为蓝色，并把学校的教学楼融合到 Banner 中。蓝色基调突出了稳重、严肃的教育氛围。页面整体结构清晰，分类明确，页面中运用了大量的小图标修饰，既美观又生动活泼。

图11-46 教育科研机构宣传性网站

11.14.3 网站配色讲解

教育网站页面整体设计要力求简洁、生动、层次清楚，构图平衡、美观、精巧，颜色搭配要和谐自然，要能吸引学习者，使人看后能产生舒服、愉悦的感觉。颜色是最具有情绪化、最具有感染力的视觉元素。作为教育网站的主页，在色彩的选择上应下功夫，主色的选择和设计不仅体现网页的主题，而且支配着整个主页的设计风格。

电子科技大学中山学院网站主要以蓝色为主色调，网站在色彩选用上比较精细，使用蓝色的同类色色彩搭配非常和谐，结构也比较清晰，颜色给人舒适的印象，是个配色成功的网站。如图 11-47 所示为教育机构网站页面采用的色彩分析。

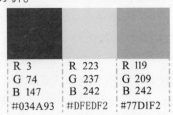

R 3	R 223	R 119
G 74	G 237	G 209
B 147	B 242	B 242
#034A93	#DFEDF2	#77D1F2

图11-47 教育机构网站页面色彩分析

11.15　综合门户网站

门户网站将信息整合、分类，为浏览者打开方便之门，巨大的访问量给这类网站带来了无限的商机。门户网站涉及的领域非常广泛，是一种综合性网站，如搜狐、新浪等。此外这类网站还具有非常强大的服务功能，如搜索、论坛、聊天室、电子邮箱、虚拟社区、短信等。

11.15.1　门户网站的特点

从技术角度而言，综合门户类网站是一种网络服务，通过检索、资讯提示等技术，从各类散布的资源中猎取所需要的内容，以固定形式呈现给用户。以用户的角度而言，综合类网站是各项资源的共同访问站，可提供个性化服务功能，用户能同时检索多种资料，浏览资讯信息。

综合网站在设计制作上要以内容和功能为主，设计风格倾向于普通大众，具有易识别的配色风格，而且决定之后不要随意改变色彩搭配。

门户类网站的主要特点是信息量大，因此页面中的图文信息相对也比较丰富。常见的门户类网站中，其信息形式多为文字信息。由于在页面中有大量的文字信息，不便于查阅，因此合理地使用图片是非常必要的。

11.15.2　页面分析

门户类网站多为简单的分栏结构。此类网站的页面通常都比较长，图文排列对称，网站页面布局简洁，导航位于页面顶部，清晰明了，这也是很多大型门户类网站通用的导航形式。

如图 11-48 所示为淄博信息港门户网站的主页，超长的页面中信息分门别类，布局合理。为方便浏览者对信息的快速查找和维护者及时、

方便的更新，并坚持页面刷新速度快捷为主要标准，都不宜在页面中使用大量图片或采取复杂繁琐的设计。从这个设计可以看出，在设计方法上并没有使用太多的设计技巧，而是着重在布局版式上下功夫。

图11-48　门户网站主页布局与导航设计

由于门户类网站包含大量的图文信息内容，浏览者面对繁杂的信息如何快速地找到所需信息，是需要考虑的一个首要问题，因此页面导航在门户类网站中非常重要。图片在页面中的位置、面积、数量、形式、方向等直接关系到整个页面的视觉传达效果，在图片的具体运用过程中一定要对其进行仔细的斟酌。

11.15.3 网站配色讲解

虽然综合网站在色彩搭配上采用大众普遍熟悉的颜色，但如何将这些色彩搭配得富有技巧，使网站更加吸引浏览者，这是设计者必须重视的问题。综合网站一般很少出现大面积的颜色，网页设计者在进行网页配色时，应尽量做到精巧、细致。

如图 11-49 所示为淄博信息港门户网站页面采用的色彩分析。网站首页视觉设计很简单明了，色彩很细致，使用了渐变色，信息结构很清晰。色彩方面多使用大面积黄色渐变，配以按钮，突出了大气、严肃的气氛。内容丰富多样，但整体风格又不失统一和谐，在页面上使用了适量的、与整个网站颜色风格统一的按钮、图标和图片，网站看起来显得很生动活泼。

R 112	R 206	R 252
G 206	G 239	G 235
B 242	B 251	B 154
#70CEF2	#CEEFFB	#FCEB9A

图11-49 门户网站页面采用的色彩分析

11.16 女装网站

服装是最受欢迎的网上购物门类，2012年中国服装网络购物市场交易规模约3188.8亿元，而女装又占有绝对优势。五彩缤纷的女装在给人们生活带来美和享受的同时，也给女装经营者带来了不菲的收入。

11.16.1 女装网站的特点

网上女装市场毛利高，但竞争环境也相当激烈。想在这么多女装中脱颖而出，不是简单的事情。

女性服装网站的整体风格创意设计生动活泼，才能吸引浏览者，可以采用现今网络上最流行的 CSS、Flash、JavaScript 等技术进行网站的静态和动态页面设计。优美协调的色彩配

以悦耳的背景音乐，将会使浏览者留下深刻的印象。

Flash 是现在网络上最受欢迎的网络技术，它的优点是体积小，可边下载边播放，这样就避免了用户长时间的等待。用 Flash 制作的动画，还可以加入很酷、很有感染力的音乐。这样就能生成多媒体的图形和界面，而且使文件的体积很小。

11.16.2 页面分析

我们下面看看这个女性服饰类网站的页面，它的装修风格唯美、精致，如图 11-50 所示。整个页面的划分比较有条理，首先进入浏览者视线的就是顶部的 Banner 部分，包含了网站名称和广告条。

接着展示的区域,是最能吸引浏览者停留的地方,在右侧写上了优惠活动,很有条理地列出了活动内容,大大吸引了顾客。底部的产品展示图是公司最热门的商品款式,使用模特展示大大增加了点击率。

图11-50 女装网站主页设计

11.16.3 网站配色讲解

很多女装网站里的衣服颜色多样,款式不一,为了突出所经营服装的多变特色,往往喜欢多种颜色一起运用。此时,首先要定一种主色调,然后第二种颜色用得少一些,第三种颜色用得更少。颜色较为靠近的色彩,它们不会冲突,组合起来可以营造出协调、平和的氛围。在网页色彩的选择上,这家女装网站以不同深度的红色为主,局部配合紫色、粉色,如图11-51所示为女装网站主页采用的色彩分析。

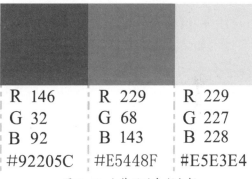

R 146	R 229	R 229
G 32	G 68	G 227
B 92	B 143	B 228
#92205C	#E5448F	#E5E3E4

图11-51 女装网站色彩分析

女装类网页一般装修得比较柔和,女孩子都喜欢温馨一点的色彩,如粉色、紫色、红色等,还会结合其他素材,如蝴蝶结、丝带、蕾丝、花朵等进行装饰。主题素材上喜欢选用卡通美女、明星图片、可爱玩具等,如图11-52所示。

图11-52 采用卡通美女装饰

11.17 美容化妆网站

利润丰厚的化妆品市场无论网上或网下都蕴藏着巨大的商机,这自然吸引了大量商家进入。

网页布局与配色完全学习手册

11.17.1 美容化妆网站的特点

如今网上美容化妆品销售网站越来越多，竞争也越来越激烈，各商家纷纷使出浑身解数吸引更多的人投入其中。那么，网上美容化妆品网站如何才能在竞争中立于不败之地呢？

1. 保证质量和货源

首先要保证商品为正品，有固定可靠的货源。客户一旦使用了假化妆品，不但不能美容，还很可能被毁容。因此，客户对于化妆品质量的担忧，是化妆品网站经营最大的问题。推出"承诺无条件退货"等售后服务对于提高客户的信任很有必要。

2. 关于品牌和产品的选择

据 2012 淘宝网销售数据显示，消费水平的快速提升让高端化妆品市场更兴旺。主流消费也从过去的单品均价 200 元以内，逐步向高档化妆品主流消费单品均价 500~1000 元以上的雅诗兰黛、兰蔻等层次靠拢。

建议卖些网上炒得很火的产品，还有就是多看些美女时尚类的杂志，多注意杂志的推荐产品。一般来说当期推荐的产品，销售得显著多些，还有看电视广告，正在大做广告宣传的产品也是热门产品，如图 11-53 所示。

图11-53 杂志推荐产品

3. 要找到卖点

卖化妆品，一定拿出一个招牌品牌，或推荐自己觉得好用的，因为毕竟效果怎么样自己最清楚。卖点就是网站的闪光点，就是吸引客户购物的地方。如图 11-54 所示，网站的招牌产品设计非常精美，一般放在网站首页重要的位置推荐。

图11-54 网站的招牌产品

4. 培养忠实回头客

据了解，网上化妆品店 80% 的利润来自于 20% 的老客户，由于化妆品是日用品，用完了还要消费，所以要想利润最大化，就要赢得最多的客户，尤其是忠实的客户，培养客户的忠诚度，让客户踏踏实实地做个回头客。

11.17.2 页面分析

下面的化妆品网站主要经营护肤、彩妆、香水、纤体、全身护理、头发护理、男士护肤、美容工具等。如图 11-55 所示是网站首页的上半部分，这部分是首页非常重要的部分，主要有网站导航、商品分类栏目、重要的推荐产品。在推荐产品展示中，采用了翻转显示图片的方法，展示了多个重要产品，节省了空间。

图11-55 美容化妆网站首页的上半部分

而图 11-56 所示则是网站首页的下半部分，显示了香水和热门品牌商品，并且有肌肤疗诊室、彩妆美颜技巧、美妙香氛瓶、塑身丰胸术、发型流行风等。最下面还有网站的帮助信息，解答了初次购物的客户疑问。

11.17.3　网站配色讲解

毫无疑问，美容化妆网站绝大部分都是面向女性的，因此美容化妆品类网站尽显女性美丽、柔美、时尚的特点，配色风格大多格调高雅、妖媚。这个网站页面装修色调以紫色为主，并且搭配浅黄和浅灰色彩，体现了女性肌肤的柔和细腻等特点，与所售商品相得益彰，它带给我们奢华高贵的感觉，让人觉得物有所值，能够使客户产生愉悦的心情。如图 11-57 所示为美容化妆品网站首页采用的色彩分析。

图11-56　美容化妆品网站首页的下半部分

R 151 G 66 B 142 #97428E	R 243 G 233 B 211 #F3E9D3	R 74 G 74 B 74 #4A4A4A

图11-57　页面采用的色彩分析

11.18　IT数码网站

IT数码网站因为给人的感觉科技含量高，在装修风格上应尽量专业。现在很多网站装修页面充满着各种闪光、酷炫的图片和文字，可能这样会让网站管理者自我感觉良好，觉得自己的网站很酷、很炫，但对于一个IT数码类的网站而言就不合适了。

11.18.1　IT数码网站的特点

目前在网上开计算机数码产品类的网站很多，这类网站成功究竟靠什么呢？它们不是靠花哨，是凭实际，是凭实实在在的企业家精神为大家做事，搞欺骗的手段是不可能长期生存下来的。

1. 要有价格优势

网上卖IT数码产品类商品，一定要有价格优势。通过网上买到便宜的行货，还能享受

很好的服务，很多人都会心动。一般客户在网上购买此类产品时都很谨慎，比较以后才去购买，同样品牌的商品价格是很重要的因素。

2. 注意售后服务

销售数码、计算机类产品，还要注重返修率，所以在进货时要与厂商协商返修成本的问题，然后再决定进货的价格。还要懂得测试产品的好坏，辨别其质量程度，否则高的返修率会减少利润的同时，也会对信誉造成不良影响。提醒客户注意售后服务和合理的退货亨策，确保交易少出差错。

3. 专业的服务

IT数码网站产品的进入门槛相对较高，需要具备一定的专业知识，如产品的功能特点、辨别产品的优劣，以及帮助客户排除一些小故

网页布局与配色完全学习手册

障。从回答客户的提问到给客户留言都要用心而且服务会周到，把每一笔交易都看得很重要。

11.18.2 页面分析

如图 11-58 所示为 IT 数码网站首页，在页面顶部有弹出式分类菜单，当单击"全部分类"导航时，将显示出全部的一级和二级商品分类，当不需要时也可以关闭弹出菜单，便于浏览者一进入页面就可以找到相关的商品类别，在页面中还有关键字搜索，便于浏览者快速找到需要的商品。

图11-58 IT数码产品网站

右侧是热销商品排行榜，左侧是页面的主要内容，以产品的促销展示为主，信息量大，便于浏览者浏览更多不同的商品。

另外当单击商品图片，进入商品详情页面后，在商品的说明中详细描述了有关的技术参数、保养方法等，便于浏览者比较购买。

11.18.3 网站配色讲解

IT 数码产品网站在颜色选择上，红色、灰色、黑色、蓝色都是不错的选择。但是切忌颜色与图片搭配过于花销，抢了产品的风头。这个网站的页面整体上采用了红色系列为主，使用红色与黑色的搭配使网站的产品展示非常醒目，红色会使页面看上去更加干净、明亮，还用到一点黑色作为点缀。如图 11-59 所示为 IT 数码产品网站采用的色彩分析。

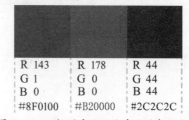

R 143	R 178	R 44
G 1	G 0	G 44
B 0	B 0	B 44
#8F0100	#B20000	#2C2C2C

图11-59 IT数码产品网站采用的色彩分析

尽量选择稳重大方的颜色，这才能够从现实意义上留住顾客。那些花枝招展的 IT 网站不会给人带来好的印象。如图 11-60 所示为黑色与蓝色搭配的稳重大方的 IT 网站。

图11-60 黑色与蓝色搭配的稳重大方的IT网站

11.19 家居日用品网站

消费者的购买范围普遍扩大，包括建材、家具、家饰、家居日用品等方面，家装"全网购"时代已经到来。

11.19.1 家居用品网站的特点

家居网站是生活类网站中的一部分，这类网站一般都倾向于追求舒适的氛围，给人温馨、幸福的感觉。在设计和用色上都力求亲和大众，采用淡雅的色调与舒畅的布局。

家居日用品网站页面的设计可根据其销售产品的类型来选择合适的色彩。如日常生活用品的家居网站，可以选择那些带有居家感觉的风格；田园风格类的家居饰品，则可选择自然风格、蓝天白云、青山绿草。一般家居日用品店的颜色可以选择橙色、黄色、绿色、粉色、红色等为主色。

11.19.2 页面分析

下面的网站是卖家居用品的页面，页面风格非常有特色，风格时尚高雅、简洁明快，图片展示丰富多彩。如图 11-61 所示，首页产品展示清晰，促销广告设计得非常抢眼，有大量产品的促销信息，容易抓住客户的购买欲。

图11-61 家居用品网站首页

下面再看一下详细内容页也是非常简约和有特色的，如图 11-62 所示。有清晰的大图，详细的商品介绍，更多的细节图和不同色彩的商品展示，还详细地解释客户注意事项。另外产品说明中，还有对网站内其他商品的介绍和促销，更容易吸引客户多浏览商品，达成交易。

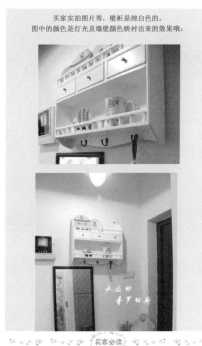

各位买家注意了！！！！家具因为比较大件，推荐发物流。物流不到的地方或需要用快递的买家请注意，因为快递按公斤算，打木箱包装很贵，基本比没打木箱的费用翻倍，如不打木箱，则用泡沫加纸箱的，比较容易损坏！建议快递还用木箱包装，如选择不用木箱包装的，货品损坏本店概不负责！

包装方面我们会尽力做到最好，打包到最结实，力求把最完整的货送到买家手上，但因为运输方面很难控制，如因运输问题造成的少许掉漆现象属正常现象，如接受不了一点点掉漆或少许划痕的买家请不要拍哦！不过一般不会出现这种情况，我们很多买家都收到完好的货的！呵呵！

图11-62 商品详情页面

11.19.3 网站配色讲解

网站主要运用了粉红色和绿色搭配，营造一种多彩、丰富、舒适的氛围，让人产生温馨幸福的感觉。另外页面中恰当使用图片和色块的组合，增强了整体的页面空间感，给人以高贵的感觉。上面的网站页面色彩鲜明，用绿色作为页面的色调，突出健康环保的绿色主题。如图11-63所示为家居用品网站页面采用的色彩分析。

R 198	R 139	R 179
G 58	G 188	G 187
B 41	B 166	B 65
#C63A29	#8BBCA6	#A50100

图11-63 家居用品网站页面的色彩分析

11.20 男性商品类网站

男性顾客在购物上，独立性较强，对所购买的商品性能等知识了解得较多，一般不受外界购买行为的影响。

掌握了商品和市场的"性别属性"，便可以按照男性消费者的心理，选择制定最适合的经营策略。

11.20.1 男性商品类网站的特点

在经营男性商品类网站时，要注意男性消费心理及特点，这样就能更好为顾客服务了。男性消费者相对于女性来说，购买商品的范围较窄，注重理性，较强调阳刚气质。其特征主要表现如下。

● 注重商品质量、实用性。男性消费者购买商品多为理性购买，不易受商品外观、环境及他人的影响。注重商品的使用效果及整体质量，不太关注细节。

● 购买商品目的明确，迅速果断。男性的逻辑思维能力强，并喜欢通过杂志等媒体广泛收集有关产品的信息，决策迅速。

● 强烈的自尊、好胜心，购物不太注重价值问题。由于男性本身所具有的攻击性和成就欲较强，所以男性购物时喜欢选购高档、气派的产品，而且不愿讨价还价，忌讳别人说自己小气或所购产品"不上档次"。

11.20.2 页面分析

男性商品无论是服装鞋帽，还是箱包用品，都要体现男性的品味、修养、气质。很多男性朋友喜欢简约、个性的风格，下面来看看这个页面的设计风格，如图11-64所示。

图11-64 男性商品网站首页

11.20.3　网站配色讲解

男性的用品其颜色一般比较单一，设计风格也比较简洁、大方，应该突出健康、活力、简单、大方的特点。男性印象的色彩大都用黑色、灰色或蓝色来表现，与鲜明的女性色彩不同，这种色彩具有稳重和含蓄的特点。黑色可以表现出男性的刚强，蓝色给人以冷酷、干净的印象。常用深暗且棱角分明的色块表现男性主题，选用的图片也带有力量感。

通过黑、灰色打造了这个网站的整体页面效果，通过少量的蓝色作为点缀色，页面风格简单明了，如图 11-65 所示为男性商品网站采用的色彩分析。

R 0	R 127	R 46
G 0	G 139	G 48
B 0	B 144	B 146
#000000	#7F8B90	#2E3092

图11-65　男性商品网站色彩分析

11.21　鞋类网站

任何鞋店在经营管理上都必须表现出自己的内在功夫，方可创造出生命力，这也是赢得顾客的要点之一。

11.21.1　鞋类网站的特点

这个鞋类网站的商品详细页中有几十张清晰的商品照片，对于鞋类的展示尤其重要，需要全方位的商品图片，最好把这些商品最详细的细节全部都展示出来，这是非常必要的。大量的图片会冲击你的客户视觉。如图 11-66 所示为不同部位的商品图片。

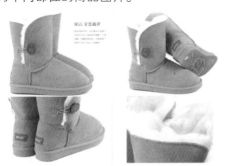

图11-66　不同部位的商品图片

11.21.2　页面分析

如图 11-67 所示，这个鞋类网站一眼望去就知道是个关于鞋类的网站，就像超市那样，琳琅满目的商品"摆"满网站，高跟、平底、凉鞋任你挑，任你选。这个网站还有一个特点就是商品图片风格统一，让客户把大部分注意力都放在商品展示上，装饰性的图标是配角，主角是商品图片，这是设计网站所要达到的目的。

图11-67　鞋类网站首页

11.21.3 网站配色讲解

现在网上很多鞋店，若要顾客走进鞋店，就要弄出一点特色，一家鞋店好比一个人的特点，鞋店没有特色，就变得毫无品味。根据自己的定位风格，要设计相应的装修风格，卖品牌的要大气，卖时装鞋的要前卫时尚，卖休闲鞋的要足够休闲浪漫。关于配色可以选择红色、紫色、黑色、绿色等多种色调。如图 11-68 所示为鞋类网站采用的色彩分析。

R 170	R 50	R 220
G 16	G 46	G 220
B 88	B 46	B 220
#AA1058	#322E2E	#DCDCDC

图11-68 鞋类网站采用的色彩分析

11.22 童装网站

随着童装网店越来越多，童装网店应该怎样装修才能吸引更多的顾客？品味的高与低、内涵的深与浅、形式的美与丑，不是信手拈来、轻而易举的事，所以在设计童装网店时应该做足文章，才能让自己的童装网店从众多的网站中脱颖而出。

11.22.1 童装网站的特点

我国拥有庞大的童装消费群体、童装市场具有极大的开拓潜力。根据有关人口统计年鉴，我国 14 岁以下的儿童约有 3.14 亿，2010 年新生儿出生数进入高峰期、中国将形成一个庞大的儿童消费市场。加之人们收入水平的提高，特别是城镇及农村消费能力的增强，也将成为带动童装市场需求增长的因素之一。对于童装电子商务而言，这个新兴渠道肯定会随着 80 后父母购物习惯的改变而成为有竞争力的渠道。

童装网站的经营状况如何，与商品的定位和进货的眼光有很有关系。要做好一家童装网店，除了要有良好的销售方法外，最关键的一点是要"懂"进货。这个"懂"字包含的内容非常多，不仅要知道进货的地点、各批发市场的价格水平和面对的客户群，还要了解儿童的喜好、身材特点，更重要的是要会淘货。

11.22.2 页面分析

网站的整体风格要一致。从 Logo 的设计到主页的风格再到商品页面，应采用同一色系，最好有同样的设计元素，让网站有整体感。在选择分类栏、网站公告、背景音乐、计数器等东西的时候也要从整体上考虑。

如图 11-69 所示的童装网站，在"男装新款"、"商品排行榜"部分可以阅览到网站的部分新到商品和热销的商品，可以在商品搜索中通过快速搜索或高级搜索功能搜索本网站拥有的商品。

图11-69 童装网站

11.22.3　网站配色讲解

童装类网站要突出温馨、柔和的风格，粉、黄、红、绿色都是妈妈喜欢的商品颜色，如果从事这类商品销售的卖家不妨在颜色上下点功夫，选择一种适合的色调来搭配网站产品会有很好的效果，能发挥出它的光彩。本网站以黄色、灰色为主搭配，如图 11-70 所示为网站采用的色彩分析。

R 140	R 233	R 129
G 198	G 128	G 212
B 62	B 71	B 242
#8CC63E	#E98047	#81D4F2

图11-70 网站采用的色彩分析

11.23　珠宝饰品网站

市场经济的飞速发展，女性的生活品味、生活质量，正在发生着质的飞跃。崇尚人性和时尚，不断塑造个性和魅力，更崇尚文化和风情。随着国内经济的不断发展和国民收入的高速增长，女性对珠宝饰品的需求与日俱增。

11.23.1　珠宝饰品网站的特点

我们知道，一般来逛珠宝饰品店的人通常只是来看看，并没打算购买饰品，有一些人看到自己喜欢的饰品会立即产生购买欲，我们称为"冲动型"购物，而大部分人即使看到喜欢的珠宝饰品也不会购买，因为他们觉得不需要。

记住，卖给客户的不是珠宝饰品本身，而是饰品能给客户带来的期望。让顾客想象她带上这件饰品后是多么的美丽、时尚、有魅力、有品位。提高客户的成交概率，这是珠宝饰品网店成功经营的首要条件。

珠宝饰品是否能引起客户购买的欲望，主要依靠产品是否吸引人。因此，还要注意流行趋势，时刻注意当前饰品的走势，在款式上先取胜，满足不同个性的人的需求。如图 11-71 所示。

图11-71 流行的韩国饰品

现在是信息社会，各种渠道的信息，只要你想要就一定可以找到。例如，最近一期的时尚杂志出了哪些新款饰品，现在热播的电视剧里女主角带的是什么饰品，这些都要去了解。

11.23.2　页面分析

珠宝饰品对照片要求很高，需要付出很多时间去拍摄照片，可以运用大图片展示商品细节，并变换角度拍摄商品，从不同侧面展示商品品质，使商品具有良好的视觉效果。

为了醒目，可以把产品导航放在明显的地方，用特殊样式的导航按钮标注出产品分类。网页的插图应以体现产品为主，营造网站形象为辅，尽量做到两方面能够协调到位。如图 11-72 所示为珠宝饰品网站的首页。

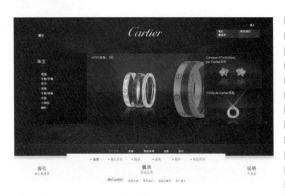

图11-72 珠宝饰品网站的首页

11.23.3 网站配色讲解

珠宝首饰类网站可以使用高雅的红色与黑色、咖啡色与金黄色等搭配。这是一个典型的珠宝首饰网站，从整体效果来看高贵，使人

感觉既时尚又可爱，漂亮的产品图片增强了网站的优雅感。使整个网页符合女性感性的心理特点却又不缺乏活力的动感。本例采用了红色、黑色和灰色搭配，如图11-73所示为网站采用的色彩分析。

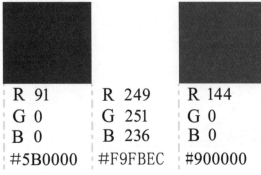

R 91	R 249	R 144
G 0	G 251	G 0
B 0	B 236	B 0
#5B0000	#F9FBEC	#900000

图11-73 网站采用的色彩分析

11.24   食品网站

如今，网上购物越来越受到消费者的欢迎，通过网络商品交易平台购买食品的消费者也越来越多。

11.24.1 食品网站的特点

❶食品要体现特色。在网上卖食品的站长们通常都有自己的特色产品，尤其是从事地方特色产品的卖家，要把自己的特色展现出来，可以是一张地域名胜风景图、民族的服饰风格或饮食风格，也可以是地域性的产品图片。

❷注重进货与定价。食品这种商品的进货和定价是一般网站经营的关键。在重点"打造"明星产品时，最好能找几样"绿叶"来衬托这些"红花"。

❸亲近大自然。绿色环保是人们共同追求的目标，在绿色和环保中包含着人们对健康的渴求，对生命的热爱。网站只有经营绿色食品，并进行绿色推广才可以永久的抓住顾客的心。

11.24.2 页面分析

下面看看这个食品网店的页面，采用了丰富的色彩搭配，产品跃然屏上，众多的活动主题，让人忍住不住想去点击，如图11-74所示。仔细分析可以看到，该网站的商品图片，无论尺寸，还是图框设置都做得非常搭配，整个网站看起来很统一。

图11-74 食品网站

11.24.3 网站配色讲解

现如今在网上购买各类食品的人也越来越多，随着食品店的增多，竞争也变得激烈了，因此要在竞争中占有优势，就必须重视网站的设计。在设计食品类网站时要注意突出环保、无污染的健康态食品，因此在选择色彩时，可选择绿色、黄色、浅灰色等为主色调。如图 11-75 所示为食品网站采用的色彩分析。

R 128	R 241	R 247
G 176	G 233	G 248
B 12	B 168	B 248
#AA1058	#F1E9A8	#F7F8F8

图11-75 食品网站色彩分析

附录1 各行业网站色彩搭配

R 153	R 255	R 255
G 204	G 204	G 204
B 204	B 153	B 204
#99CCCC	#FFCC99	#FFCCCC

适用网站：美容、化妆品

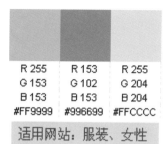

R 255	R 153	R 255
G 153	G 102	G 204
B 153	B 153	B 204
#FF9999	#996699	#FFCCCC

适用网站：服装、女性

R 255	R 255	R 255
G 153	G 102	G 204
B 102	B 102	B 204
#FF9966	#FF6666	#FFCCCC

适用网站：礼品、喜庆

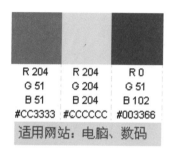

R 204	R 204	R 0
G 51	G 204	G 51
B 51	B 204	B 102
#CC3333	#CCCCCC	#003366

适用网站：电脑、数码

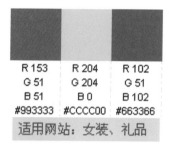

R 153	R 204	R 102
G 51	G 204	G 51
B 51	B 0	B 102
#993333	#CCCC00	#663366

适用网站：女装、礼品

R 255	R 255	R 153
G 102	G 255	G 204
B 102	B 102	B 102
#FF6666	#FFFF66	#99CC66

适用网站：玩具、童装

R 255	R 255	R 0
G 102	G 255	G 102
B 102	B 0	B 204
#FF6666	#FFFF00	#0066CC

适用网站：生活时尚

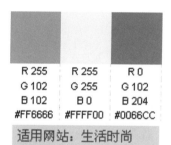

R 0	R 204	R 255
G 153	G 204	G 102
B 204	B 204	B 102
#0099CC	#CCCCCC	#FF6666

适用网站：数码家电

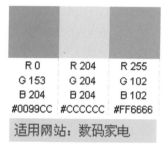

R 51	R 153	R 255
G 102	G 0	G 204
B 51	B 51	B 153
#336633	#990033	#FFCC99

适用网站：家居家饰

R 153	R 204	R 0
G 51	G 153	G 51
B 51	B 102	B 0
#993333	#CC9966	#003300

适用网站：古典艺术品

R 255	R 51	R 204
G 0	G 51	G 204
B 51	B 153	B 0
#FF0033	#333399	#CCCC00

适用网站：典雅文化

R 204	R 51	R 204
G 0	G 51	G 204
B 51	B 51	B 0
#CC0033	#333333	#CCCC00

适用网站：珠宝首饰

R 0	R 153	R 204
G 0	G 204	G 0
B 0	B 0	B 51
#000000	#99CC00	#CC0033

适用网站：设计、时尚

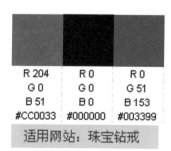

R 204	R 0	R 0
G 0	G 0	G 51
B 51	B 0	B 153
#CC0033	#000000	#003399

适用网站：珠宝钻戒

R 153	R 153	R 51
G 153	G 51	G 51
B 51	B 51	B 0
#999933	#993333	#333300

适用网站：鞋类

R 255	R 204	R 255
G 255	G 255	G 204
B 204	B 255	B 204
#FFFFCC	#CCFFFF	#FFCCCC

适用网站：女装、化妆品

R 255	R 255	R 204
G 255	G 255	G 204
B 0	B 255	B 0
#FFFF00	#FFFFFF	#CCCC00

适用网站：家居

R 153	R 255	R 255
G 204	G 204	G 255
B 255	B 51	B 204
#99CCFF	#FFCC33	#FFFFCC

适用网站：玩具儿童

R 255	R 0	R 255
G 204	G 0	G 255
B 0	B 204	B 153
#FFCC00	#0000CC	#FFFF99

适用网站：科技产品

R 255	R 255	R 153
G 204	G 255	G 153
B 51	B 204	B 102
#FFCC33	#FFFFCC	#999966

适用网站：食品酒类

R 255	R 102	R 255
G 204	G 204	G 255
B 0	B 0	B 153
#FFCC00	#66CC00	#FFFF99

适用网站：教育儿童

R 153	R 255	R 255
G 204	G 204	G 255
B 255	B 51	B 51
#99CCFF	#FFCC33	#FFFF33

适用网站：玩具、家纺

R 255	R 255	R 0
G 153	G 255	G 153
B 0	B 0	B 204
#FF9900	#FFFF00	#0099CC

适用网站：时尚服饰

R 255	R 153	R 204
G 255	G 204	G 204
B 51	B 255	B 204
#FFFF33	#99CCFF	#CCCCCC

适用网站：电子科技

R 255	R 255	R 153
G 153	G 255	G 204
B 102	B 204	B 204
#FF9966	#FFFFCC	#99CC99

适用网站：食品

R 255	R 255	R 153
G 255	G 255	G 51
B 0	B 255	B 255
#FFFF00	#FFFFFF	#9933FF

适用网站：女鞋

R 255	R 255	R 255
G 204	G 102	G 255
B 153	B 102	B 102
#FFCC99	#FF6666	#FFFF66

适用网站：吉祥喜庆

R 255	R 153	R 255
G 204	G 153	G 255
B 153	B 102	B 0
#FFCC99	#999966	#FFFF00

适用网站：家居家饰

R 255	R 153	R 102
G 255	G 204	G 102
B 153	B 153	B 0
#FFFF99	#99CC99	#666600

适用网站：护肤美容

R 153	R 255	R 51
G 153	G 255	G 51
B 102	B 153	B 51
#999966	#FFFF99	#333333

适用网站：图书文具

R 204	R 255	R 153
G 204	G 255	G 204
B 255	B 255	B 255
#CCCCFF	#FFFFFF	#99CCFF

适用网站：玩具

R 255	R 255	R 153
G 204	G 255	G 204
B 153	B 204	B 255
#FFCC99	#FFFFCC	#99CCFF

适用网站：家居生活

R 153	R 255	R 51
G 204	G 255	G 153
B 204	B 255	B 204
#99CCCC	#FFFFFF	#3399CC

适用网站：数码配件

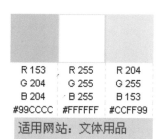

R 153	R 255	R 204
G 204	G 255	G 255
B 204	B 255	B 153
#99CCCC	#FFFFFF	#CCFF99

适用网站：文体用品

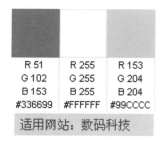

R 51	R 255	R 153
G 102	G 255	G 204
B 153	B 255	B 204
#336699	#FFFFFF	#99CCCC

适用网站：数码科技

R 228	R 255	R 51
G 100	G 255	G 102
B 14	B 255	B 153
#E4640E	#FFFFFF	#336699

适用网站：手机通讯

R 204	R 255	R 204
G 204	G 255	G 255
B 255	B 204	B 255
#CCCCFF	#FFFFCC	#CCFFFF

适用网站：生活服务

R 153	R 255	R 51
G 204	G 255	G 153
B 51	B 255	B 204
#99CC33	#FFFFFF	#3399CC

适用网站：保健

R 153	R 204	R 102
G 204	G 255	G 153
B 255	B 255	B 204
#99CCFF	#CCFFFF	#6699CC

适用网站：数码、家电

R 0	R 255	R 102
G 153	G 255	G 102
B 204	B 204	B 153
#0099CC	#FFFFCC	#666699

适用网站：电工电器

R 204	R 0	R 153
G 204	G 51	G 204
B 204	B 102	B 255
#CCCCCC	#003366	#99CCFF

适用网站：金属电子

R 204	R 102	R 102
G 204	G 153	G 102
B 204	B 204	B 102
#CCCCCC	#6699CC	#666666

适用网站：机械仪器

R 51	R 204	R 0
G 102	G 204	G 51
B 153	B 153	B 102
#336699	#CCCC99	#003366

适用网站：电子产品

R 51	R 0	R 204
G 153	G 51	G 204
B 204	B 102	B 204
#3399CC	#003366	#CCCCCC

适用网站：数码科技

R 0	R 255	R 102
G 153	G 255	G 102
B 204	B 255	B 102
#0099CC	#FFFFFF	#666666

适用网站：五金工具

R 0	R 255	R 255
G 153	G 255	G 255
B 102	B 255	B 0
#009966	#FFFFFF	#FFFF00

适用网站：户外旅游

R 51	R 255	R 153
G 153	G 255	G 51
B 51	B 255	B 204
#339933	#FFFFFF	#9933CC

适用网站：护肤、鲜花

R 255	R 204	R 51
G 255	G 204	G 102
B 204	B 102	B 102
#FFFFCC	#CCCC66	#336666

适用网站：旅游度假

R 51	R 153	R 255
G 153	G 204	G 255
B 51	B 0	B 204
#339933	#99CC00	#FFFFCC

适用网站：农林特产

R 51	R 204	R 102
G 153	G 153	G 102
B 51	B 0	B 102
#339933	#CC9900	#666666

适用网站：设计艺术

R 153	R 255	R 51
G 204	G 255	G 102
B 51	B 102	B 0
#99CC33	#FFFF66	#336600

适用网站：保健食品

R 51	R 255	R 0
G 153	G 255	G 0
B 51	B 255	B 0
#339933	#FFFFFF	#000000

适用网站：环保家具

R 51	R 204	R 0
G 153	G 204	G 51
B 102	B 204	B 102
#339966	#CCCCCC	#003366

适用网站：翡翠玉器

R 0	R 204	R 204
G 102	G 204	G 153
B 51	B 51	B 51
#006633	#CCCC33	#CC9933

适用网站：运动产品

R 51	R 204	R 102
G 153	G 204	G 153
B 51	B 204	B 204
#339933	#CCCCCC	#6699CC

适用网站：医疗保险

R 51	R 255	R 51
G 153	G 204	G 102
B 51	B 51	B 153
#339933	#FFCC33	#336699

适用网站：体育运动

R 51	R 102	R 204
G 153	G 102	G 204
B 51	B 51	B 102
#339933	#666633	#CCCC66

适用网站：文具

R 0	R 102	R 204
G 51	G 153	G 204
B 0	B 51	B 153
#003300	#669933	#CCCC99

适用网站：体育运动

R 0	R 153	R 255
G 102	G 0	G 153
B 51	B 51	B 0
#006633	#990033	#FF9900

适用网站：邮币收藏

R 0	R 51	R 204
G 102	G 51	G 204
B 51	B 0	B 153
#006633	#333300	#CCCC99

适用网站：绿色建材

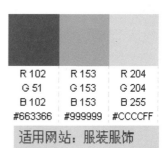

R 255 G 204 B 204 #FFCCCC	R 255 G 255 B 153 #FFFF99	R 204 G 204 B 255 #CCCCFF

适用网站：家纺用品

R 153 G 153 B 204 #9999CC	R 153 G 204 B 153 #99CC99	R 255 G255 B 255 #FFFFFF

适用网站：机票旅游

R 102 G 51 B 102 #663366	R 153 G 153 B 153 #999999	R 204 G 204 B 255 #CCCCFF

适用网站：服装服饰

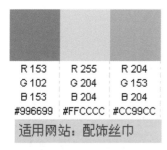

R 153 G 102 B 153 #996699	R 255 G 204 B 204 #FFCCCC	R 204 G 153 B 204 #CC99CC

适用网站：配饰丝巾

R 255 G 204 B 204 #FFCCCC	R 255 G 153 B 204 #FF99CC	R 204 G 204 B 255 #CCCCFF

适用网站：护肤品

R 102 G 0 B 102 #660066	R 255 G255 B 255 #FFFFFF	R 102 G 51 B 51 #663333

适用网站：家纺用品

R 204 G 204 B 153 #CCCC99	R 51 G 51 B 51 #333333	R 153 G 102 B 204 #9966CC

适用网站：玉器珠宝

R 204 G 204 B 0 #CCCC00	R 255 G 153 B 102 #FF9966	R 102 G 51 B 153 #663399

适用网站：女性服装

R 255 G 204 B 153 #FFCC99	R 255 G 153 B 51 #FF9933	R 102 G 51 B 102 #663366

适用网站：项链首饰

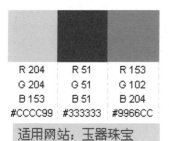

R 153 G 102 B 102 #996666	R 204 G 153 B 204 #CC99CC	R 255 G 204 B 204 #FFCCCC

适用网站：婚庆婚纱

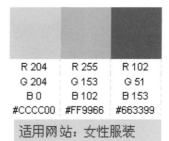

R 153 G 153 B 204 #9999CC	R 255 G 255 B 204 #FFFFCC	R 255 G 204 B 204 #FFCCCC

适用网站：香水彩妆

R 51 G 51 B 153 #333399	R 204 G 204 B 255 #CCCCFF	R 204 G 153 B 204 #CC99CC

适用网站：时尚女装

R 51 G 0 B 51 #330033	R 102 G 102 B 102 #666666	R 102 G 153 B 153 #669999

适用网站：金属电子

R 204 G 204 B 204 #CCCCCC	R 153 G 153 B 153 #999999	R 102 G 51 B 102 #663366

适用网站：数码科技

R 255 G 51 B 204 #FF33CC	R 204 G 204 B 153 #CCCC99	R 102 G 51 B 102 #663366

适用网站：鲜花礼品

附录1 各行业网站色彩搭配

附录2 配色形容词色卡

附录2

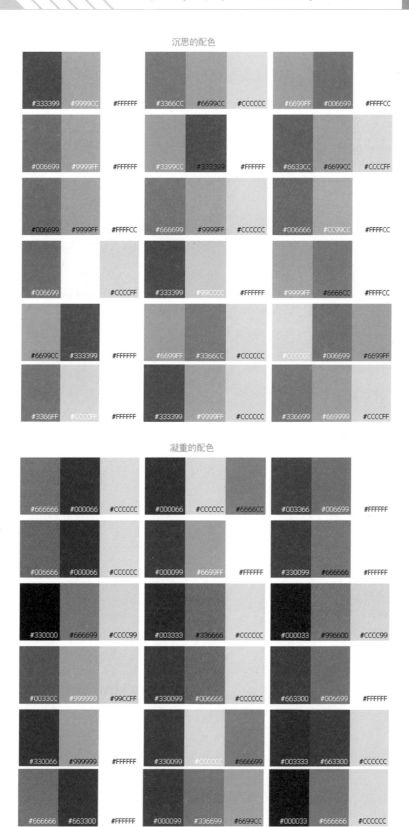

沉思的配色

| #333399 | #9999CC | #FFFFFF | | #3366CC | #6699CC | #CCCCCC | | #6699FF | #006699 | #FFFFCC |

| #006699 | #9999FF | #FFFFFF | | #3399CC | #333399 | #FFFFFF | | #6633CC | #6699CC | #CCCCFF |

| #006699 | #9999FF | #FFFFCC | | #666699 | #9999FF | #CCCCCC | | #006666 | #CC99CC | #FFFFCC |

| #006699 | | #CCCCFF | | #333399 | #99CCCC | #FFFFFF | | #9999FF | #6666CC | #FFFFCC |

| #6699CC | #333399 | #FFFFFF | | #6699FF | #3366CC | #CCCCCC | | #CCCCCC | #006699 | #6699FF |

| #3366FF | #CCCCFF | #FFFFFF | | #333399 | #9999FF | #CCCCCC | | #336699 | #669999 | #CCCCFF |

凝重的配色

| #666666 | #000066 | #CCCCCC | | #000066 | #CCCCCC | #6666CC | | #003366 | #006699 | #FFFFFF |

| #006666 | #000066 | #CCCCCC | | #000099 | #6699FF | #FFFFFF | | #330099 | #666666 | #FFFFFF |

| #330000 | #666699 | #CCCC99 | | #003333 | #336666 | #CCCCCC | | #000033 | #996600 | #CCCC99 |

| #0033CC | #999999 | #99CCFF | | #330099 | #006666 | #CCCCCC | | #663300 | #006699 | #FFFFFF |

| #330066 | #999999 | #FFFFFF | | #330099 | #CCCCCC | #666699 | | #003333 | #663300 | #CCCCCC |

| #666666 | #663300 | #FFFFFF | | #000099 | #336699 | #6699CC | | #000033 | #666666 | #CCCCCC |

漂亮、可爱的配色

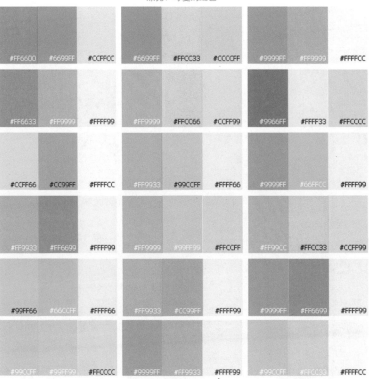

清澈–清晰的配色

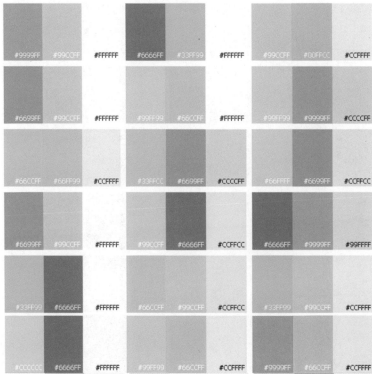

网页布局与配色完全学习手册

随意的配色

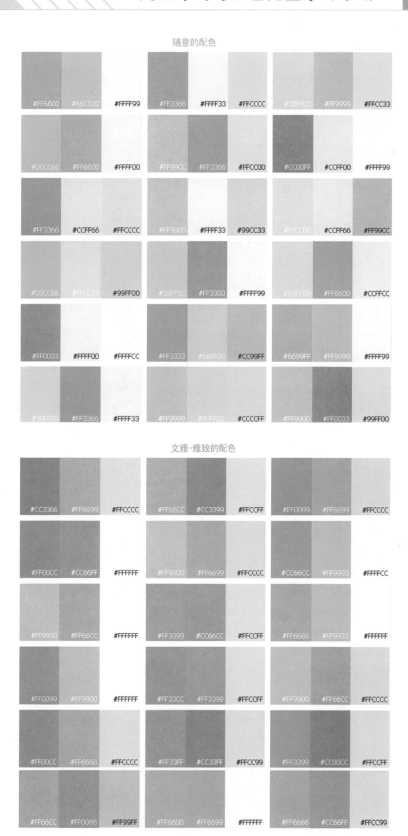

#FF6600	#66CC00	#FFFF99	#FF3366	#FFFF33	#FFCCCC	#33FFCC	#FF9999	#FFCC33
#00CC66	#FF6600	#FFFF00	#FF99CC	#FF3366	#FFCC00	#CC00FF	#CCFF00	#FFFF99
#FF3366	#CCFF66	#FFCCCC	#FF9900	#FFFF33	#99CC33	#FFCC00	#CCFF66	#FF99CC
#00CC66	#FFCC33	#99FF00	#33FFCC	#FF3300	#FFFF99	#99FF00	#FF6600	#CCFFCC
#FF0033	#FFFF00	#FFFFCC	#FF3333	#66FF00	#CC99FF	#6699FF	#FF9999	#FFFF99
#99FF00	#FF3366	#FFFF33	#FF9999	#99FF00	#CCCCFF	#FF9900	#FF0033	#99FF00

文雅-雅致的配色

#CC3366	#FF6699	#FFCCCC	#FF66CC	#CC3399	#FFCCFF	#FF0099	#FF6699	#FFCCCC
#FF00CC	#CC66FF	#FFFFFF	#FF9900	#FF6699	#FFCCCC	#CC66CC	#FF9933	#FFFFCC
#FF9900	#FF66CC	#FFFFFF	#FF3399	#CC66CC	#FFCCFF	#FF6666	#FF9933	#FFFFFF
#FF0099	#FF9900	#FFFFFF	#FF33CC	#FF3399	#FFCCFF	#FF9900	#FF66CC	#FFCCCC
#FF00CC	#FF6666	#FFCCCC	#FF33FF	#CC33FF	#FFCC99	#FF3399	#CC00CC	#FFCCFF
#FF66CC	#FF0066	#FF99FF	#FF6600	#FF6699	#FFFFFF	#FF6666	#CC66FF	#FFCC99

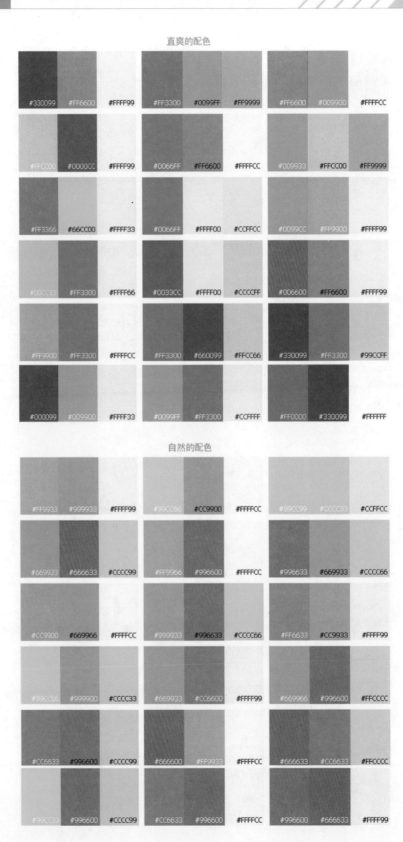

直爽的配色

#330099	#FF6600	#FFFF99
#FF3300	#0099FF	#FF9999
#FF6600	#009900	#FFFFCC
#FFCC00	#0000CC	#FFFF99
#0066FF	#FF6600	#FFFFCC
#009933	#FFCC00	#FF9999
#FF3366	#66CC00	#FFFF33
#0066FF	#FFFF00	#CCFFCC
#0099CC	#FF9900	#FFFF99
#00CC33	#FF3300	#FFFF66
#0033CC	#FFFF00	#CCCCFF
#006600	#FF6600	#FFFF99
#FF9900	#FF3300	#FFFFCC
#FF3300	#660099	#FFCC66
#330099	#FF3300	#99CCFF
#000099	#009900	#FFFF33
#0099FF	#FF3300	#CCFFFF
#FF0000	#330099	#FFFFFF

自然的配色

#FF9933	#999933	#FFFF99
#99CC66	#CC9900	#FFFFCC
#99CC99	#00CC33	#CCFFCC
#669933	#666633	#CCCC99
#FF9966	#996600	#FFFFCC
#996633	#669933	#CCCC66
#CC9900	#669966	#FFFFCC
#999933	#996633	#CCCC66
#FF6633	#CC9933	#FFFF99
#99CC66	#999900	#CCCC33
#669933	#CC6600	#FFFF99
#669966	#996600	#FFCCCC
#CC6633	#996600	#CCCC99
#666600	#FF9933	#FFFFCC
#666633	#CC6633	#FFCCCC
#99CC33	#996600	#CCCC99
#CC6633	#996600	#FFFFCC
#996600	#666633	#FFFF99

附录3 页面安全色

000000 R - 000 G - 000 B - 000	333333 R - 051 G - 051 B - 051	666666 R - 102 G - 102 B - 102	999999 R - 153 G - 153 B - 153	CCCCCC R - 204 G - 204 B - 204	FFFFFF R - 255 G - 255 B - 255
000033 R - 000 G - 000 B - 051	333300 R - 051 G - 051 B - 000	666600 R - 102 G - 102 B - 000	999900 R - 153 G - 153 B - 000	CCCC00 R - 204 G - 204 B - 000	FFFF00 R - 255 G - 255 B - 000
000066 R - 000 G - 000 B - 102	333366 R - 051 G - 051 B - 102	666633 R - 102 G - 102 B - 051	999933 R - 153 G - 153 B - 051	CCCC33 R - 204 G - 204 B - 051	FFFF33 R - 255 G - 255 B - 051
000099 R - 000 G - 000 B - 153	333399 R - 051 G - 051 B - 153	666699 R - 102 G - 102 B - 153	999966 R - 153 G - 153 B - 102	CCCC66 R - 204 G - 204 B - 102	FFFF66 R - 255 G - 255 B - 102
0000CC R - 000 G - 000 B - 204	3333CC R - 051 G - 051 B - 204	6666CC R - 102 G - 102 B - 204	9999CC R - 153 G - 153 B - 204	CCCC99 R - 204 G - 204 B - 153	FFFF99 R - 255 G - 255 B - 153
0000FF R - 000 G - 000 B - 255	3333FF R - 051 G - 051 B - 255	6666FF R - 102 G - 102 B - 255	9999FF R - 153 G - 153 B - 255	CCCCFF R - 204 G - 204 B - 255	FFFFCC R - 255 G - 255 B - 204
003300 R - 000 G - 051 B - 000	336633 R - 051 G - 102 B - 051	669966 R - 102 G - 153 B - 102	99CC99 R - 153 G - 204 B - 153	CCFFCC R - 204 G - 255 B - 204	FF00FF R - 255 G - 000 B - 255
006600 R - 000 G - 102 B - 000	339933 R - 051 G - 153 B - 051	66CC66 R - 102 G - 204 B - 102	99FF99 R - 153 G - 255 B - 153	CC00CC R - 204 G - 000 B - 204	FF33FF R - 255 G - 051 B - 255
009900 R - 000 G - 153 B - 000	33CC33 R - 051 G - 204 B - 051	66FF66 R - 102 G - 255 B - 102	990099 R - 153 G - 000 B - 153	CC33CC R - 204 G - 051 B - 204	FF66FF R - 255 G - 102 B - 255
00CC00 R - 000 G - 204 B - 000	33FF33 R - 051 G - 255 B - 051	660066 R - 102 G - 000 B - 102	993399 R - 153 G - 051 B - 153	CC66CC R - 204 G - 102 B - 204	FF99FF R - 255 G - 153 B - 255
00FF00 R - 000 G - 255 B - 000	330033 R - 051 G - 000 B - 051	663366 R - 102 G - 051 B - 102	996699 R - 153 G - 102 B - 153	CC99CC R - 204 G - 153 B - 204	FFCCFF R - 255 G - 204 B - 255
00FF33 R - 000 G - 255 B - 051	330066 R - 051 G - 000 B - 102	663399 R - 102 G - 051 B - 153	9966CC R - 153 G - 102 B - 204	CC99FF R - 204 G - 153 B - 255	FFCC00 R - 255 G - 204 B - 000

00FF66 R - 000 G - 255 B - 102	**330099** R - 051 G - 000 B - 153	**6633CC** R - 102 G - 051 B - 204	**9966FF** R - 153 G - 102 B - 255	**CC9900** R - 204 G - 153 B - 000	**FFCC33** R - 255 G - 204 B - 051
00FF99 R - 000 G - 255 B - 153	**3300CC** R - 051 G - 000 B - 204	**6633FF** R - 102 G - 051 B - 255	**996600** R - 153 G - 102 B - 000	**CC9933** R - 204 G - 153 B - 051	**FFCC66** R - 255 G - 204 B - 102
00FFCC R - 000 G - 255 B - 204	**3300FF** R - 051 G - 000 B - 255	**663300** R - 102 G - 051 B - 000	**996633** R - 153 G - 102 B - 051	**CC9966** R - 204 G - 153 B - 102	**FFCC99** R - 255 G - 204 B - 153
00FFFF R - 000 G - 255 B - 255	**330000** R - 051 G - 000 B - 000	**663333** R - 102 G - 051 B - 051	**996666** R - 153 G - 102 B - 102	**CC9999** R - 204 G - 153 B - 153	**FFCCCC** R - 255 G - 204 B - 204
00CCCC R - 000 G - 204 B - 204	**33FFFF** R - 051 G - 255 B - 255	**660000** R - 102 G - 000 B - 000	**993333** R - 153 G - 051 B - 051	**CC6666** R - 204 G - 102 B - 102	**FF9999** R - 255 G - 153 B - 153
009999 R - 000 G - 153 B - 153	**33CCCC** R - 051 G - 204 B - 204	**66FFFF** R - 102 G - 255 B - 255	**990000** R - 153 G - 000 B - 000	**CC3333** R - 204 G - 051 B - 051	**FF6666** R - 255 G - 102 B - 102
006666 R - 000 G - 102 B - 102	**339999** R - 051 G - 153 B - 153	**66CCCC** R - 102 G - 204 B - 204	**99FFFF** R - 153 G - 255 B - 255	**CC0000** R - 204 G - 000 B - 000	**FF3333** R - 255 G - 051 B - 051
003333 R - 000 G - 051 B - 051	**336666** R - 051 G - 102 B - 102	**669999** R - 102 G - 153 B - 153	**99CCCC** R - 153 G - 204 B - 204	**CCFFFF** R - 204 G - 255 B - 255	**FF0000** R - 255 G - 000 B - 000
003366 R - 000 G - 051 B - 102	**336699** R - 051 G - 102 B - 153	**6699CC** R - 102 G - 153 B - 204	**99CCFF** R - 153 G - 204 B - 255	**CCFF00** R - 204 G - 255 B - 000	**FF0033** R - 255 G - 000 B - 051
003399 R - 000 G - 051 B - 153	**3366CC** R - 051 G - 102 B - 204	**6699FF** R - 102 G - 153 B - 255	**99CC00** R - 153 G - 204 B - 000	**CCFF33** R - 204 G - 255 B - 051	**FF0066** R - 255 G - 000 B - 102
0033CC R - 000 G - 051 B - 204	**3366FF** R - 051 G - 102 B - 255	**669900** R - 102 G - 153 B - 000	**99CC33** R - 153 G - 204 B - 051	**CCFF66** R - 204 G - 255 B - 102	**FF0099** R - 255 G - 000 B - 153
0033FF R - 000 G - 051 B - 255	**336600** R - 051 G - 102 B - 255	**669933** R - 102 G - 153 B - 051	**99CC66** R - 153 G - 204 B - 102	**CCFF99** R - 204 G - 255 B - 153	**FF00CC** R - 255 G - 000 B - 204

附录3 页面安全色

171

0066FF R – 000 G – 102 B – 255	**339900** R – 051 G – 153 B – 000	**66CC33** R – 102 G – 204 B – 051	**99FF66** R – 153 G – 255 B – 102	**CC0099** R – 204 G – 000 B – 153	**FF33CC** R – 255 G – 051 B – 204
0099FF R – 000 G – 153 B – 255	**33CC00** R – 051 G – 204 B – 000	**66FF33** R – 102 G – 255 B – 051	**990066** R – 153 G – 000 B – 102	**CC3399** R – 204 G – 051 B – 153	**FF66CC** R – 255 G – 102 B – 204
00CCFF R – 000 G – 204 B – 255	**33FF00** R – 051 G – 255 B – 000	**660033** R – 102 G – 000 B – 051	**993366** R – 153 G – 051 B – 102	**CC6699** R – 204 G – 102 B – 153	**FF99CC** R – 255 G – 153 B – 204
00CC33 R – 000 G – 204 B – 051	**33FF66** R – 051 G – 255 B – 102	**660099** R – 102 G – 000 B – 153	**9933CC** R – 153 G – 051 B – 204	**CC66FF** R – 204 G – 102 B – 255	**FF9900** R – 255 G – 153 B – 000
00CC66 R – 000 G – 204 B – 102	**33FF99** R – 051 G – 255 B – 153	**6600CC** R – 102 G – 000 B – 204	**9933FF** R – 153 G – 051 B – 255	**CC6600** R – 204 G – 102 B – 000	**FF9933** R – 255 G – 153 B – 051
00CC99 R – 255 G – 204 B – 153	**33FFCC** R – 051 G – 255 B – 204	**6600FF** R – 102 G – 000 B – 255	**993300** R – 153 G – 051 B – 000	**CC6633** R – 204 G – 102 B – 051	**FF9966** R – 255 G – 153 B – 102
009933 R – 000 G – 153 B – 051	**33CC66** R – 051 G – 204 B – 102	**66FF99** R – 102 G – 255 B – 153	**9900CC** R – 153 G – 000 B – 204	**CC33FF** R – 204 G – 051 B – 255	**FF6600** R – 255 G – 102 B – 000
006633 R – 000 G – 102 B – 051	**339966** R – 051 G – 153 B – 102	**66CC99** R – 102 G – 204 B – 153	**99FFCC** R – 153 G – 255 B – 204	**CC00FF** R – 204 G – 000 B – 255	**FF3300** R – 255 G – 051 B – 000
009966 R – 000 G – 153 B – 102	**33CC99** R – 051 G – 204 B – 153	**66FFCC** R – 102 G – 255 B – 204	**9900FF** R – 153 G – 000 B – 255	**CC3300** R – 204 G – 051 B – 000	**FF6633** R – 255 G – 102 B – 051
0099CC R – 000 G – 153 B – 204	**33CCFF** R – 051 G – 204 B – 255	**66FF00** R – 102 G – 255 B – 000	**990033** R – 153 G – 000 B – 051	**CC3366** R – 204 G – 051 B – 102	**FF6699** R – 255 G – 102 B – 153
0066CC R – 000 G – 102 B – 204	**3399FF** R – 051 G – 153 B – 255	**66CC00** R – 102 G – 204 B – 000	**99FF33** R – 153 G – 255 B – 051	**CC0066** R – 204 G – 000 B – 102	**FF3399** R – 255 G – 051 B – 153
006699 R – 000 G – 102 B – 153	**3399CC** R – 051 G – 153 B – 204	**66CCFF** R – 102 G – 204 B – 255	**99FF00** R – 153 G – 255 B – 000	**CC0033** R – 204 G – 000 B – 051	**FF3366** R – 255 G – 051 B – 102

附录4　160种配色方案

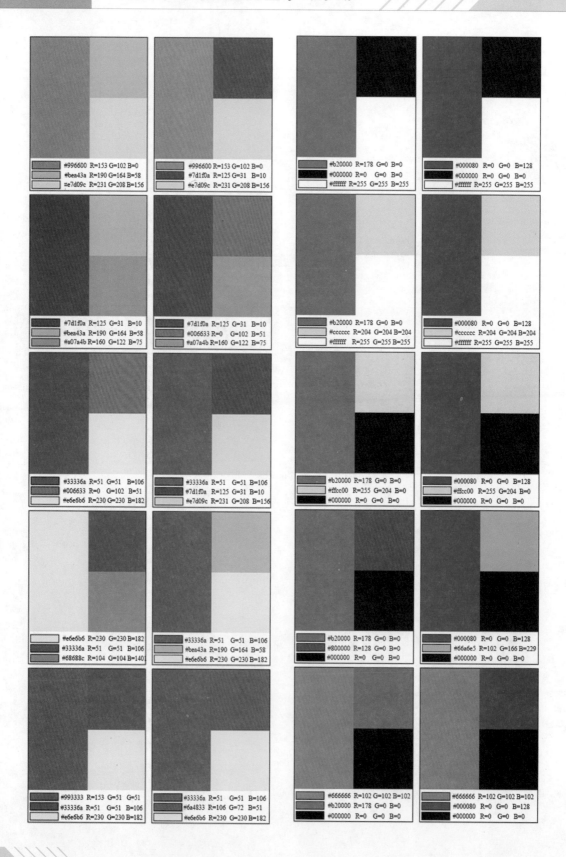

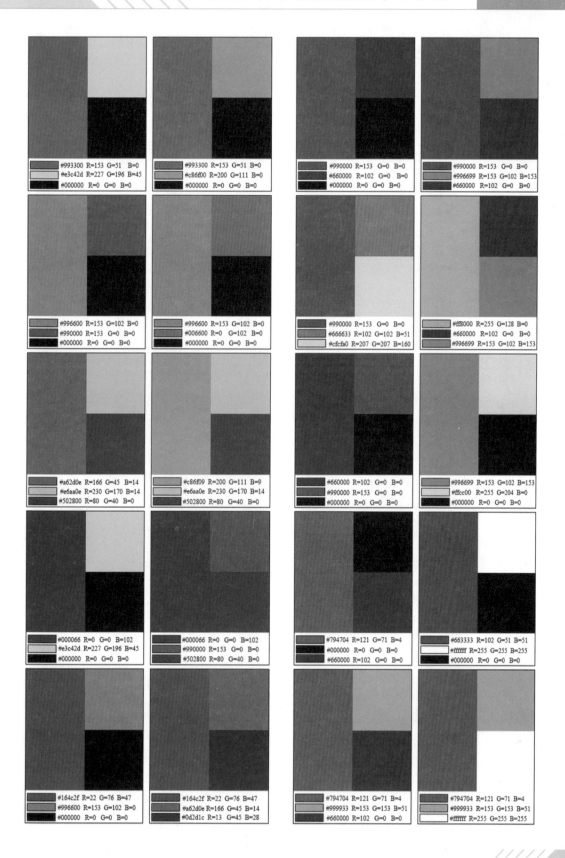

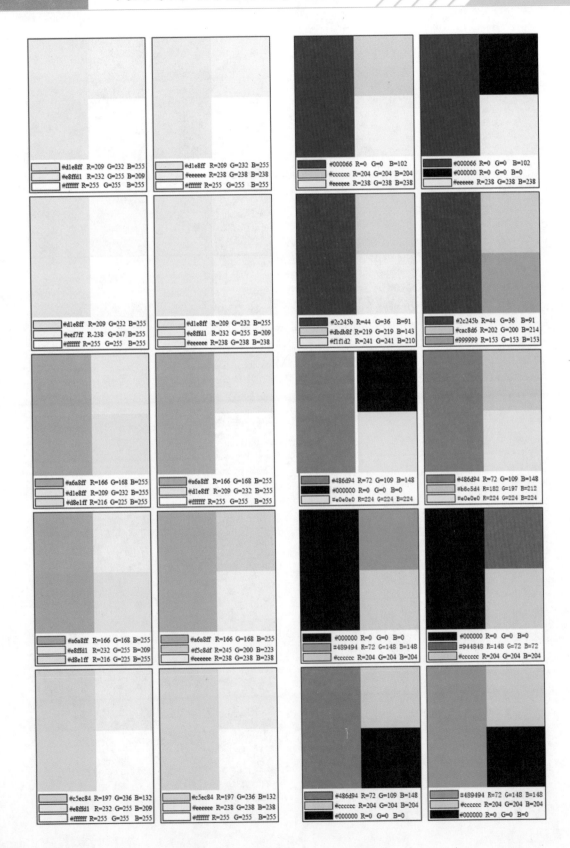

#d1e8ff R=209 G=232 B=255
#e8ffd1 R=232 G=255 B=209
#ffffff R=255 G=255 B=255

#d1e8ff R=209 G=232 B=255
#eeeeee R=238 G=238 B=238
#ffffff R=255 G=255 B=255

#000066 R=0 G=0 B=102
#cccccc R=204 G=204 B=204
#eeeeee R=238 G=238 B=238

#000066 R=0 G=0 B=102
#000000 R=0 G=0 B=0
#eeeeee R=238 G=238 B=238

#d1e8ff R=209 G=232 B=255
#eef7ff R=238 G=247 B=255
#ffffff R=255 G=255 B=255

#d1e8ff R=209 G=232 B=255
#e8ffd1 R=232 G=255 B=209
#eeeeee R=238 G=238 B=238

#2c245b R=44 G=36 B=91
#dbdb8f R=219 G=219 B=143
#f1f1d2 R=241 G=241 B=210

#2c245b R=44 G=36 B=91
#cac8d6 R=202 G=200 B=214
#999999 R=153 G=153 B=153

#a6a8ff R=166 G=168 B=255
#d1e8ff R=209 G=232 B=255
#d8e1ff R=216 G=225 B=255

#a6a8ff R=166 G=168 B=255
#d1e8ff R=209 G=232 B=255
#ffffff R=255 G=255 B=255

#486d94 R=72 G=109 B=148
#000000 R=0 G=0 B=0
#e0e0e0 R=224 G=224 B=224

#486d94 R=72 G=109 B=148
#b6c5d4 R=182 G=197 B=212
#e0e0e0 R=224 G=224 B=224

#a6a8ff R=166 G=168 B=255
#e8ffd1 R=232 G=255 B=209
#d8e1ff R=216 G=225 B=255

#a6a8ff R=166 G=168 B=255
#f5c8df R=245 G=200 B=223
#eeeeee R=238 G=238 B=238

#000000 R=0 G=0 B=0
#489494 R=72 G=148 B=148
#cccccc R=204 G=204 B=204

#000000 R=0 G=0 B=0
#944848 R=148 G=72 B=72
#cccccc R=204 G=204 B=204

#c5ec84 R=197 G=236 B=132
#e8ffd1 R=232 G=255 B=209
#ffffff R=255 G=255 B=255

#c5ec84 R=197 G=236 B=132
#eeeeee R=238 G=238 B=238
#ffffff R=255 G=255 B=255

#486d94 R=72 G=109 B=148
#cccccc R=204 G=204 B=204
#000000 R=0 G=0 B=0

#489494 R=72 G=148 B=148
#cccccc R=204 G=204 B=204
#000000 R=0 G=0 B=0

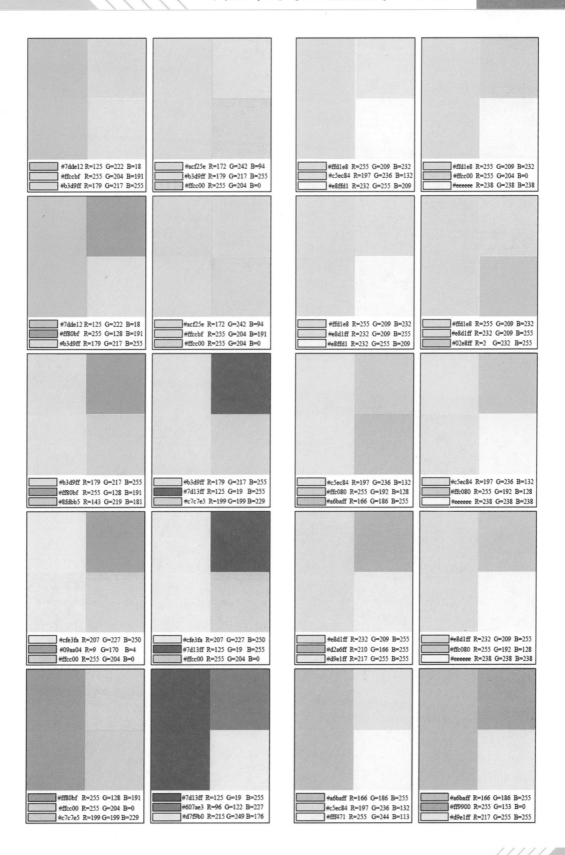

#7dde12 R=125 G=222 B=18
#ffccbf R=255 G=204 B=191
#b3d9ff R=179 G=217 B=255

#acf25e R=172 G=242 B=94
#b3d9ff R=179 G=217 B=255
#ffcc00 R=255 G=204 B=0

#ffd1e8 R=255 G=209 B=232
#c5ec84 R=197 G=236 B=132
#e8ffd1 R=232 G=255 B=209

#ffd1e8 R=255 G=209 B=232
#ffcc00 R=255 G=204 B=0
#eeeeee R=238 G=238 B=238

#7dde12 R=125 G=222 B=18
#ff80bf R=255 G=128 B=191
#b3d9ff R=179 G=217 B=255

#acf25e R=172 G=242 B=94
#ffccbf R=255 G=204 B=191
#ffcc00 R=255 G=204 B=0

#ffd1e8 R=255 G=209 B=232
#e8d1ff R=232 G=209 B=255
#e8ffd1 R=232 G=255 B=209

#ffd1e8 R=255 G=209 B=232
#e8d1ff R=232 G=209 B=255
#02e8ff R=2 G=232 B=255

#b3d9ff R=179 G=217 B=255
#ff80bf R=255 G=128 B=191
#8fdbb5 R=143 G=219 B=181

#b3d9ff R=179 G=217 B=255
#7d13ff R=125 G=19 B=255
#c7c7e5 R=199 G=199 B=229

#c5ec84 R=197 G=236 B=132
#ffc080 R=255 G=192 B=128
#a6baff R=166 G=186 B=255

#c5ec84 R=197 G=236 B=132
#ffc080 R=255 G=192 B=128
#eeeeee R=238 G=238 B=238

#cfe3fa R=207 G=227 B=250
#09aa04 R=9 G=170 B=4
#ffcc00 R=255 G=204 B=0

#cfe3fa R=207 G=227 B=250
#7d13ff R=125 G=19 B=255
#ffcc00 R=255 G=204 B=0

#e8d1ff R=232 G=209 B=255
#d2a6ff R=210 G=166 B=255
#d9e1ff R=217 G=255 B=255

#e8d1ff R=232 G=209 B=255
#ffc080 R=255 G=192 B=128
#eeeeee R=238 G=238 B=238

#ff80bf R=255 G=128 B=191
#ffcc00 R=255 G=204 B=0
#c7c7e5 R=199 G=199 B=229

#7d13ff R=125 G=19 B=255
#607ae3 R=96 G=122 B=227
#d7f9b0 R=215 G=249 B=176

#a6baff R=166 G=186 B=255
#c5ec84 R=197 G=236 B=132
#fff471 R=255 G=244 B=113

#a6baff R=166 G=186 B=255
#ff9900 R=255 G=153 B=0
#d9e1ff R=217 G=255 B=255

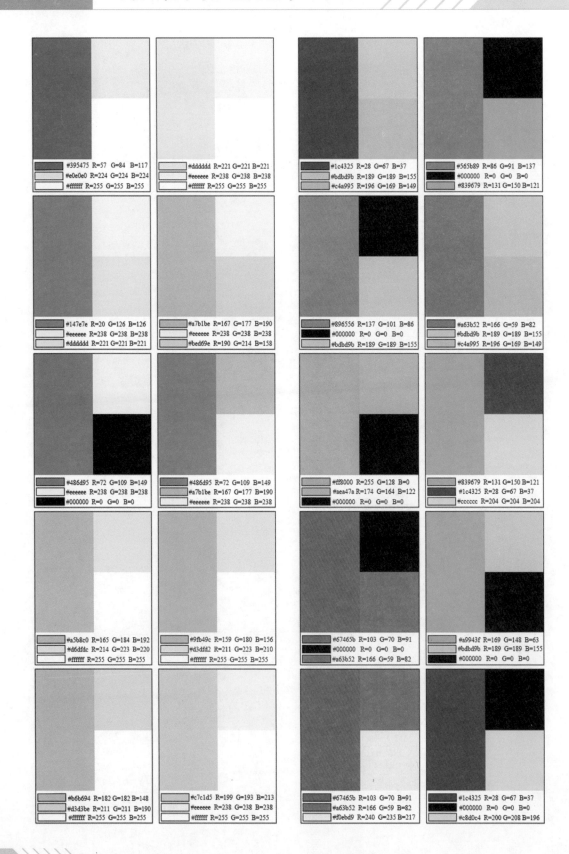

#395475 R=57 G=84 B=117
#e0e0e0 R=224 G=224 B=224
#ffffff R=255 G=255 B=255

#dddddd R=221 G=221 B=221
#eeeeee R=238 G=238 B=238
#ffffff R=255 G=255 B=255

#1c4325 R=28 G=67 B=37
#bdbd9b R=189 G=189 B=155
#c4a995 R=196 G=169 B=149

#565b89 R=86 G=91 B=137
#000000 R=0 G=0 B=0
#839679 R=131 G=150 B=121

#147e7e R=20 G=126 B=126
#eeeeee R=238 G=238 B=238
#dddddd R=221 G=221 B=221

#a7b1be R=167 G=177 B=190
#eeeeee R=238 G=238 B=238
#bed69e R=190 G=214 B=158

#896556 R=137 G=101 B=86
#000000 R=0 G=0 B=0
#bdbd9b R=189 G=189 B=155

#a63b52 R=166 G=59 B=82
#bdbd9b R=189 G=189 B=155
#c4a995 R=196 G=169 B=149

#486d95 R=72 G=109 B=149
#eeeeee R=238 G=238 B=238
#000000 R=0 G=0 B=0

#486d95 R=72 G=109 B=149
#a7b1be R=167 G=177 B=190
#eeeeee R=238 G=238 B=238

#ff8000 R=255 G=128 B=0
#aea47a R=174 G=164 B=122
#000000 R=0 G=0 B=0

#839679 R=131 G=150 B=121
#1c4325 R=28 G=67 B=37
#cccccc R=204 G=204 B=204

#a5b8c0 R=165 G=184 B=192
#d6dfdc R=214 G=223 B=220
#ffffff R=255 G=255 B=255

#9fb49c R=159 G=180 B=156
#d3dfd2 R=211 G=223 B=210
#ffffff R=255 G=255 B=255

#67465b R=103 G=70 B=91
#000000 R=0 G=0 B=0
#a63b52 R=166 G=59 B=82

#a9943f R=169 G=148 B=63
#bdbd9b R=189 G=189 B=155
#000000 R=0 G=0 B=0

#b6b694 R=182 G=182 B=148
#d3d3be R=211 G=211 B=190
#ffffff R=255 G=255 B=255

#c7c1d5 R=199 G=193 B=213
#eeeeee R=238 G=238 B=238
#ffffff R=255 G=255 B=255

#67465b R=103 G=70 B=91
#a63b52 R=166 G=59 B=82
#f0ebd9 R=240 G=235 B=217

#1c4325 R=28 G=67 B=37
#000000 R=0 G=0 B=0
#c8d0c4 R=200 G=208 B=196

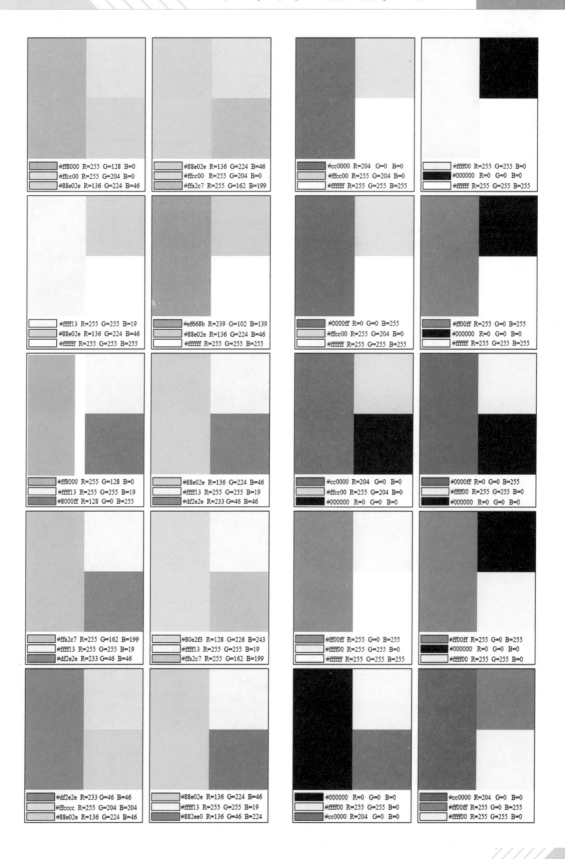

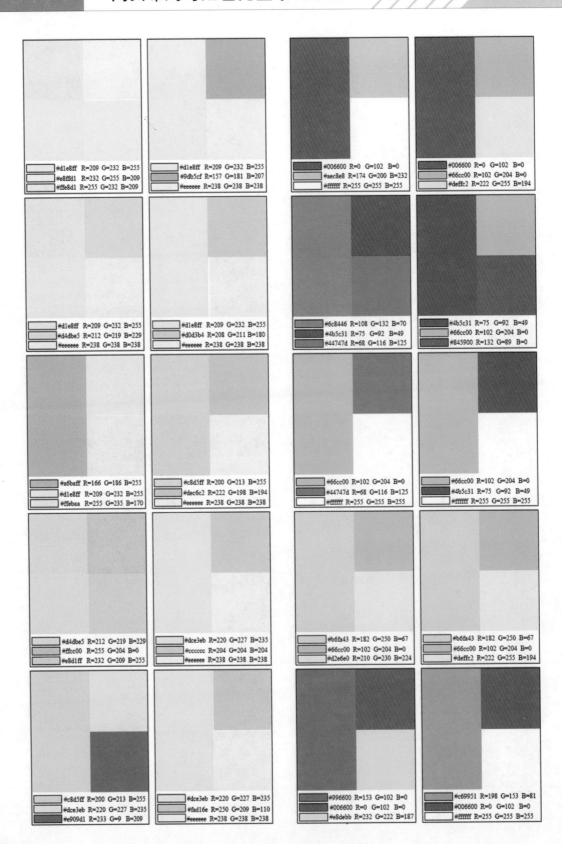

#d1e8ff R=209 G=232 B=255
#e8ffd1 R=232 G=255 B=209
#ffe8d1 R=255 G=232 B=209

#d1e8ff R=209 G=232 B=255
#9db5cf R=157 G=181 B=207
#eeeeee R=238 G=238 B=238

#006600 R=0 G=102 B=0
#aec8e8 R=174 G=200 B=232
#ffffff R=255 G=255 B=255

#006600 R=0 G=102 B=0
#66cc00 R=102 G=204 B=0
#deffc2 R=222 G=255 B=194

#d1e8ff R=209 G=232 B=255
#d4dbe5 R=212 G=219 B=229
#eeeeee R=238 G=238 B=238

#d1e8ff R=209 G=232 B=255
#d0d3b4 R=208 G=211 B=180
#eeeeee R=238 G=238 B=238

#6c8446 R=108 G=132 B=70
#4b5c31 R=75 G=92 B=49
#44747d R=68 G=116 B=125

#4b5c31 R=75 G=92 B=49
#66cc00 R=102 G=204 B=0
#845900 R=132 G=89 B=0

#a6baff R=166 G=186 B=255
#d1e8ff R=209 G=232 B=255
#ffebaa R=255 G=235 B=170

#c8d5ff R=200 G=213 B=255
#dec6c2 R=222 G=198 B=194
#eeeeee R=238 G=238 B=238

#66cc00 R=102 G=204 B=0
#44747d R=68 G=116 B=125
#ffffff R=255 G=255 B=255

#66cc00 R=102 G=204 B=0
#4b5c31 R=75 G=92 B=49
#ffffff R=255 G=255 B=255

#d4dbe5 R=212 G=219 B=229
#ffcc00 R=255 G=204 B=0
#e8d1ff R=232 G=209 B=255

#dce3eb R=220 G=227 B=235
#cccccc R=204 G=204 B=204
#eeeeee R=238 G=238 B=238

#b6fa43 R=182 G=250 B=67
#66cc00 R=102 G=204 B=0
#d2e6e0 R=210 G=230 B=224

#b6fa43 R=182 G=250 B=67
#66cc00 R=102 G=204 B=0
#deffc2 R=222 G=255 B=194

#c8d5ff R=200 G=213 B=255
#dce3eb R=220 G=227 B=235
#e909d1 R=233 G=9 B=209

#dce3eb R=220 G=227 B=235
#fad16e R=250 G=209 B=110
#eeeeee R=238 G=238 B=238

#996600 R=153 G=102 B=0
#006600 R=0 G=102 B=0
#e8debb R=232 G=222 B=187

#c69951 R=198 G=153 B=81
#006600 R=0 G=102 B=0
#ffffff R=255 G=255 B=255

网页布局与配色完全学习手册

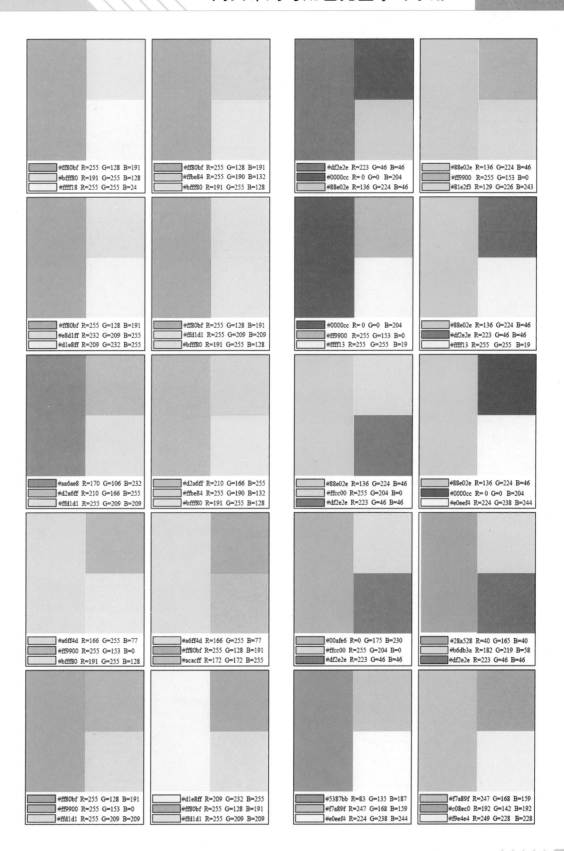

#ff80bf R=255 G=128 B=191
#bfff80 R=191 G=255 B=128
#ffff18 R=255 G=255 B=24

#ff80bf R=255 G=128 B=191
#ffbe84 R=255 G=190 B=132
#bfff80 R=191 G=255 B=128

#df2e2e R=223 G=46 B=46
#0000cc R=0 G=0 B=204
#88e02e R=136 G=224 B=46

#88e02e R=136 G=224 B=46
#ff9900 R=255 G=153 B=0
#81e2f3 R=129 G=226 B=243

#ff80bf R=255 G=128 B=191
#e8d1ff R=232 G=209 B=255
#d1e8ff R=209 G=232 B=255

#ff80bf R=255 G=128 B=191
#ffd1d1 R=255 G=209 B=209
#bfff80 R=191 G=255 B=128

#0000cc R=0 G=0 B=204
#ff9900 R=255 G=153 B=0
#ffff13 R=255 G=255 B=19

#88e02e R=136 G=224 B=46
#df2e2e R=223 G=46 B=46
#ffff13 R=255 G=255 B=19

#aa6ae8 R=170 G=106 B=232
#d2a6ff R=210 G=166 B=255
#ffd1d1 R=255 G=209 B=209

#d2a6ff R=210 G=166 B=255
#ffbe84 R=255 G=190 B=132
#bfff80 R=191 G=255 B=128

#88e02e R=136 G=224 B=46
#ffcc00 R=255 G=204 B=0
#df2e2e R=223 G=46 B=46

#88e02e R=136 G=224 B=46
#0000cc R=0 G=0 B=204
#e0eef4 R=224 G=238 B=244

#a6ff4d R=166 G=255 B=77
#ff9900 R=255 G=153 B=0
#bfff80 R=191 G=255 B=128

#a6ff4d R=166 G=255 B=77
#ff80bf R=255 G=128 B=191
#acacff R=172 G=172 B=255

#00afe6 R=0 G=175 B=230
#ffcc00 R=255 G=204 B=0
#df2e2e R=223 G=46 B=46

#28a528 R=40 G=165 B=40
#b6db3a R=182 G=219 B=58
#df2e2e R=223 G=46 B=46

#ff80bf R=255 G=128 B=191
#ff9900 R=255 G=153 B=0
#ffd1d1 R=255 G=209 B=209

#d1e8ff R=209 G=232 B=255
#ff80bf R=255 G=128 B=191
#ffd1d1 R=255 G=209 B=209

#5387bb R=83 G=135 B=187
#f7a89f R=247 G=168 B=159
#e0eef4 R=224 G=238 B=244

#f7a89f R=247 G=168 B=159
#c08ec0 R=192 G=142 B=192
#f9e4e4 R=249 G=228 B=228